肉品科学技术实验

刘 骞 夏秀芳 主 编
孙方达 副主编

Meat

Science

and

Technology

Experiment

化学工业出版社

·北京·

内容简介

本书是国家一流本科课程"肉品科学与技术"的配套实验教材。本书主要介绍了实验室基本知识、原料肉及肉制品品质测定、肉制品实验常用仪器和设备，以及腌腊制品、肉灌制品、酱卤制品、干肉制品、熏烧烤制品、预制肉制品等肉制品的加工原理、工艺流程、操作要点和质量评价等方面的知识。通过本书的学习，学生不仅能进一步了解和掌握肉品科学与技术的基本理论，而且能掌握相关肉制品加工的基本方法和动手能力，为后续的肉品研究工作奠定基础。

本书适合高等院校食品科学与工程相关专业师生、肉制品研究机构科研人员、肉制品加工企业技术人员参考使用。

图书在版编目（CIP）数据

肉品科学与技术实验/刘骞，夏秀芳主编；孙方达副主编. —北京：化学工业出版社，2023.4
ISBN 978-7-122-42923-0

Ⅰ.①肉…　Ⅱ.①刘…②夏…③孙…　Ⅲ.①肉制品-食品加工-教材　Ⅳ.①TS251.5

中国国家版本馆CIP数据核字（2023）第023572号

责任编辑：彭爱铭　　　　　　　　　　　　装帧设计：史利平
责任校对：宋　玮

出版发行：化学工业出版社（北京市东城区青年湖南街13号　邮政编码100011）
印　　刷：三河市航远印刷有限公司
装　　订：三河市宇新装订厂
710mm×1000mm　1/16　印张12　字数191千字　2023年5月北京第1版第1次印刷

购书咨询：010-64518888　　　　　　　　　售后服务：010-64518899
网　　址：http://www.cip.com.cn
凡购买本书，如有缺损质量问题，本社销售中心负责调换。

定　　价：49.00元　　　　　　　　　　　　版权所有　违者必究

本书编写人员

主　编　刘　骞　东北农业大学

　　　　　夏秀芳　东北农业大学

副主编　孙方达　东北农业大学

主　审　孔保华　东北农业大学

其他参编人员（按姓氏拼音排序）

　　　　　曹传爱　东北农业大学

　　　　　陈洪生　黑龙江八一农垦大学

　　　　　陈佳新　西华大学

　　　　　陈　倩　东北农业大学

　　　　　陈　星　江南大学

　　　　　刁静静　黑龙江八一农垦大学

　　　　　韩建春　东北农业大学

　　　　　韩青荣　浙江艾博实业有限公司

　　　　　贾　娜　渤海大学

　　　　　李芳菲　东北林业大学

　　　　　李沛军　合肥工业大学

　　　　　李　鑫　东北农业大学

廖国周　云南农业大学

刘昊天　东北农业大学

罗慧婷　合肥工业大学

彭新颜　烟台大学

任大喜　浙江大学

邵俊花　沈阳农业大学

孙为正　华南理工大学

王　浩　东北农业大学

王　辉　东北农业大学

徐　渐　东北农业大学

杨　华　天津农学院

曾维才　四川大学

张宏伟　东北农业大学

张佳敏　成都大学

张一敏　山东农业大学

赵金海　黑龙江省科学院

郑冬梅　东北农业大学

周　颖　贵州大学

朱迎春　山西农业大学

前言

　　"肉品科学与技术"是一门实践性很强的专业课，同时"肉品科学与技术实验"是学生进行课程实践的重要途径。随着现代肉品加工技术和机械装备的飞速发展，不断涌现出许多新工艺和新设备，这就要求实验课程必须兼顾经典的工艺与最新技术，不断进行实验内容更新，提高学生理论联系实际的能力，实现学生在校学习与将来就业的对接。传统的实验内容服务于理论教学，开设的实验多以经典性、验证性为主，综合性、设计性、研究创新性实验少或没有，这与培养学生的实践能力和创新能力的要求不相符，因此必须对实验教学课程体系内容和相关教材加以改革和提升。

　　在本教材的编写中，力求将科研成果和新技术融入实践教学中，以满足肉品科学与技术实验课程教学的基本要求。经过骨干教师多次交流和讨论，本书以教学大纲和人才培养方案为基础，结合"食品科学与工程专业认证"中课程体系和教学内容的改革，将实验内容进行整合，把一些单一性实验强化为综合性实验，有助于提高学生分析问题和解决问题的综合能力。同时，能够应用肉品科学相关理论和方法，搭建实验装置，开展实验，能够正确采集数据，并进行数据分析和结果讨论。另外，本教材综合了国内不同地区的肉类产品及国外的一些最新研究成果及产品，有利于开阔学生的视野，充分激发学生学习的积极性和主动性，提高教学质量和学生的综合素质。

　　我们在编写过程中，尽可能采用最新研究结果及资料，尽量增加相关内容的先进性与前瞻性。但是，由于肉与肉制品相关加工技术和研究水平还处于发展与完善过程中，有些内容难免会出现相对陈旧的现象。由于编者水平所限，书中难免会存在一些不当、疏漏之处，恳请读者在使用过程中提出宝贵意见和建议。

编　者

2022年10月

第一章　实验室基本知识 ················· 001

第一节　实验室安全及防护知识 ················· 001

第二节　常规化学试剂的分级 ················· 002

第三节　准确度与精密度 ················· 003

第二章　肉及肉制品品质测定 ················· 006

第一节　成分分析 ················· 006

实验一　水分含量的测定 ················· 006

实验二　蛋白质含量的测定 ················· 007

实验三　脂肪含量的测定 ················· 011

实验四　灰分含量的测定 ················· 016

实验五　淀粉含量的测定 ················· 022

实验六　亚硝酸盐含量的测定 ················· 030

第二节　新鲜度指标测定 ················· 032

实验一　水分活度的测定 ················· 032

实验二　pH的测定 ················· 037

实验三　挥发性盐基氮测定 ················· 040

实验四　脂质氧化的测定 ················· 048

实验五　菌落总数的测定 ……………………………………… 052

第三节　食用品质测定 ………………………………………… 056

实验一　保水性的测定 ………………………………………… 056

实验二　颜色的测定 …………………………………………… 059

实验三　风味的测定 …………………………………………… 062

实验四　嫩度的测定 …………………………………………… 068

实验五　质构的测定 …………………………………………… 070

第四节　肌原纤维蛋白提取及其功能特性测定 ……………… 076

实验一　肌原纤维蛋白的提取 ………………………………… 076

实验二　肌原纤维蛋白凝胶特性的测定 ……………………… 078

实验三　肌原纤维蛋白流变学特性的测定 …………………… 080

第三章　肉制品加工技术 …………………………………… 085

第一节　实验室常用设备 ……………………………………… 085

第二节　腌腊制品加工 ………………………………………… 099

实验一　广式腊肠的加工 ……………………………………… 099

实验二　川式腊肠的加工 ……………………………………… 101

实验三　四川烟熏腊肉的加工 ………………………………… 103

实验四　广式腊肉的加工 ……………………………………… 104

实验五　金华火腿的加工 ……………………………………… 105

实验六　南京板鸭的加工 ……………………………………… 107

第三节　肉灌制品加工 ………………………………………… 109

实验一　哈尔滨红肠的加工 …………………………………… 109

实验二　松江肠的加工 ……………………………………………… 112

实验三　粉肠的加工 ………………………………………………… 115

实验四　小肚的加工 ………………………………………………… 117

实验五　茶肠的加工 ………………………………………………… 118

实验六　西式乳化香肠的加工（以法兰克福香肠为例）………… 120

实验七　猪肝肠的加工 ……………………………………………… 122

实验八　午餐肉的加工 ……………………………………………… 123

实验九　色拉米香肠的加工 ………………………………………… 125

实验十　夏季香肠的加工 …………………………………………… 126

实验十一　哈尔滨风干肠的加工 …………………………………… 128

实验十二　枣肠的加工 ……………………………………………… 129

第四节　酱卤制品加工 ………………………………………………… 131

实验一　盐水鸭的加工 ……………………………………………… 131

实验二　白切肉的加工 ……………………………………………… 133

实验三　酱牛肉的加工 ……………………………………………… 134

实验四　酱鸭的加工 ………………………………………………… 136

实验五　烧鸡的加工 ………………………………………………… 137

实验六　扒鸡的加工 ………………………………………………… 139

实验七　苏州糟肉的加工 …………………………………………… 141

第五节　干肉制品加工 ………………………………………………… 142

实验一　肉干的加工 ………………………………………………… 142

实验二　肉脯的加工 ………………………………………………… 144

实验三　肉松的加工 ………………………………………………… 145

实验四　肉角、肉纸的加工 ………………………………………… 146

实验五　云南风鸡的加工 …………………………………………… 149

第六节　熏烧烤制品加工 ……………………………………………… 151

实验一　熏鸡的加工 ……………………………………………… 151

实验二　烤鸡的加工 ……………………………………………… 152

实验三　叉烧肉的加工 …………………………………………… 154

实验四　烤鸭的加工 ……………………………………………… 155

实验五　盐焗鸡的加工 …………………………………………… 158

实验六　熏煮火腿的加工 ………………………………………… 159

实验七　培根的加工 ……………………………………………… 162

第七节　预制肉制品加工 ……………………………………………… 164

实验一　上校鸡块的加工 ………………………………………… 164

实验二　鸡柳的加工 ……………………………………………… 166

实验三　骨肉相连的加工 ………………………………………… 168

实验四　小酥肉的加工 …………………………………………… 170

实验五　速冻肉丸的加工 ………………………………………… 172

实验六　牛排的加工 ……………………………………………… 174

实验七　冷冻鸡排的加工 ………………………………………… 175

实验八　羊肉串的加工 …………………………………………… 177

参考文献 …………………………………………………………………… 180

第一章

实验室基本知识

第一节　实验室安全及防护知识

为了避免出现危险，进入实验室必须遵守实验室的各项规定，严格执行操作规程，实验室安全及防护注意事项如下。

① 进入实验室必须穿实验服，接触或使用腐蚀和刺激性药品，如强酸、强碱、氨水、冰醋酸等时，尽可能戴手套并在通风橱中操作，瓶口不要直接对人，禁止直接徒手取用。

② 实验室内禁止吸烟，一般不建议使用明火电炉。若使用明火电炉，旁边不得离人，同时须注意周围化学物质可能产生的易燃易爆环境。

③ 要了解实验的原理、方法、操作和注意事项；使用任何试剂要先看清楚标识和注意事项，易制毒试剂使用时需及时登记，使用完毕后放回原位；使用仪器时，严格按照使用规则操作，严禁擅自改变操作方式、随意搬动仪器，使用后及时做好清理工作，恢复原状，若出现损坏，应及时主动向指导老师汇报，避免由于自身操作问题而导致实验误差及实验事故。

④ 凡涉及有毒或刺激性气体发生的实验，均需在通风橱内进行，戴好口罩，做好个人防护，不得将头部伸入通风橱内。

⑤ 强酸、强碱必须在耐热容器内溶解。如需酸碱中和，则各自稀释后再中和。取出备用或自己配制的试剂须装在空试剂瓶内，并贴标签写明试剂名称、

使用人及日期，避免使用错误。

⑥ 废液、废纸、碎玻璃、手套、培养基等应分别放入指定容器，不得随意丢弃，更不能丢入水池内，以免堵塞。浓废酸、废碱溶液倒入废液罐内；用过的有机溶剂应倒入回收瓶内，送至化学废液指定处理处，不得随意处理。

⑦ 与实验室无关的物品不得带入实验室。实验完毕要注意做好卫生、安全工作，离开实验室要检查水电、门窗以及冰箱。

第二节　常规化学试剂的分级

试剂规格基本上按纯度（杂质含量的多少）划分，主要划分为以下内容。

（1）国标试剂　该类试剂为我国国家标准所规定，适用于检验、鉴定、检测。

（2）基准试剂（JZ，绿标签）　作为基准物质，标定标准溶液。

（3）优级纯（GR，绿标签）（一级品）　主成分含量很高，纯度很高，适用于精确分析和研究工作，有的可作为基准物质。

（4）分析纯（AR，红标签）（二级品）　略次于优级纯，主成分含量很高，纯度较高，干扰杂质很低，适合于重要分析及一般研究工作。

（5）化学纯（CP，蓝标签）（三级品）　主成分含量高，纯度较高，存在干扰杂质，适用于化学实验和合成制备。

（6）实验纯（LR，黄标签）　也称工业试剂。主成分含量高，纯度较差，杂质含量不做选择，只适用于一般化学实验和合成制备。

（7）高纯试剂（EP）　是为了专门的使用目的而用特殊方法生产的纯度最高的试剂。它的杂质含量要比优级试剂低2个、3个、4个或更多个数量级。因此，高纯试剂特别适用于一些痕量分析。包括超纯、特纯、高纯、光谱纯。

（8）色谱纯（GC、LC）　气相、液相色谱分析专用。一般指在色谱条件下只出现指定化合物的峰，不出现杂质峰。

（9）光谱纯（SP）　用于光谱分析。分别适用于分光光度计标准品、原子吸收光谱标准品、原子发射光谱标准品。

（10）指示剂（ID）　配制指示溶液用。质量指标为变色范围和变色敏感程度，可替代CP，也适用于有机合成。

（11）生物染色剂（BS） 配制生物标本染色液。质量指标注重生物活性杂质，可替代指示剂，可用于有机合成。

第三节 准确度与精密度

化学实验中影响实验准确度与精密度的因素有很多，其中最主要的因素是误差，误差是客观存在的。实验误差主要是指测定结果与真实值之间的差值，根据误差产生的原因与性质，主要分为系统误差和偶然误差两类。

一、系统误差

系统误差通常是指在分析过程中由于某些固定的原因所造成的误差。它的大小、正负是可测的。系统误差的特点是具有单向性和重现性，即平行测定结果系统地偏高或偏低。当重复进行测定时系统误差会重复出现。若能找出原因，并设法加以校正，系统误差即可消除，因此也可称为可测误差。系统误差可分为以下几种。

1.方法误差

方法误差是由于分析方法本身缺陷而引起的误差。例如，在重量分析中由于沉淀溶解损失而产生的误差；在滴定分析中，化学反应不完全，指示剂选择不当，以及干扰离子的影响等原因而造成的误差。

2.仪器误差

仪器误差主要是仪器本身缺陷所引起的，如天平、砝码、滴定管和容量器皿刻度不准或未校正等，在使用过程中就会使测定结果产生误差。

3.试剂误差

试剂误差是由于试剂不纯或蒸馏水中含有微量杂质所引起的误差。

4.操作误差

操作误差是指由于操作人员的操作不完全正确或主观原因造成的误差，如个人对颜色的敏感程度不同，在辨别滴定终点颜色时，偏深或偏浅，或者滴定管读数偏高或偏低等都会引起误差。

二、偶然误差

偶然误差是指在分析过程中由于某些偶然和意外的原因造成的误差，也叫随机误差或不确定误差。通常是环境条件和测量仪器的微小波动，如温度、湿度、风吹或电压波动等，是随机的、不可控制的，使某次测量值异于正常值。偶然误差的特征是大小和正负都不定，是非单向性的，在操作中不能完全避免，只能采取一定措施使之减小。除了上述两类误差外，往往还可能由于分析人员失误造成误差，如工作上的粗枝大叶、不遵守操作规程等，或器皿不干净、丢失试液、加错试剂、看错砝码、记录及计算错误等，这些都属于不应有的过失，会对实验结果带来严重的影响，必须注意避免。

从误差的分类和各种误差产生的原因看，分析人员需要花时间进行原理、方法和仪器操作的学习，加强分析练习，提高操作技能，尽可能地减少系统误差和随机误差，才能提高分析结果的准确度。

三、准确度与误差

准确度是指测得的数值与真实值的符合程度。准确度是由系统误差决定的，系统误差越小，表示分析结果越准确，即准确度越高，就越接近真实值。准确度可用绝对误差和相对误差来表示。绝对误差为测得值与真实值之差，相对误差为绝对误差在真实值中所占的百分率。绝对误差与相对误差有正值与负值，正值表示偏高，负值表示偏低。

$$绝对误差 = 测得值 - 真实值$$

但其不能反映这个差值在测定结果中所占的比例。分析工作中，常用相对误差来表示分析结果的准确度。相对误差是绝对误差在真实值中所占的百分比，即有用的误差衡量标准是相对误差。

$$相对误差 = \frac{绝对误差}{真实值} \times 100\%$$

而同样的绝对误差，当被测定的质量较大时，相对误差就比较小，测定的准确度就比较高。因此，用相对误差来表示各种情况下测定结果的准确度更为确切一些。选择分析方法时，为了便于比较，通常用相对误差表示准确度。

四、精密度与偏差

精密度是一个衡量实验重复性的参数，对一样品进行多次重复测定时各测定值相互接近的程度，表示每次测定值与平均值的偏离程度。在实际工作中，真实值往往是未知的，可以用偏差的大小来衡量测定结果的好坏。偏差是指测定值与测定的平均值之差，它可以用来衡量测定结果的精密度。偏差越小，说明测定的精密度越高。偶然误差影响分析结果的精密度。

1.绝对偏差

单次测量值与平均值之差称为绝对偏差。绝对偏差越大，精密度越低。绝对偏差有正有负。

2.相对平均偏差

各单个偏差绝对值的平均值称为平均偏差，它是代表一组测量值中任意数值的偏差。平均偏差不计正负。

相对平均偏差是指一组数据中，平均偏差与这组数据平均值的比。

3.标准偏差

标准偏差是离差平方和平均后的方根，是分析数据精密度时最好、最常用的统计学分析方法。标准偏差能衡量实验值的分散程度以及各个数值之间的接近程度。样品标准偏差常用SD来表示。

4.相对标准偏差

相对标准偏差（RSD）是指标准偏差与计算结果算术平均值的比值，也称变异系数（C_v）。

五、准确度与精密度的关系

① 准确度反映了测量结果的正确性，精密度反映了测量结果的重现性。

② 精密度好坏是衡量准确度高低的前提。精密度好，准确度不一定高；精密度差，所得结果可信度差。

第二章

肉及肉制品品质测定

第一节 成分分析

实验一 水分含量的测定

1.实验原理

利用食品中水分的物理性质，温度在 101 ～ 105℃下采用挥发方法测定样品中干燥减失的重量，再通过干燥前后的称量数值计算出水分的含量。

2.实验目的

通过该实验了解直接干燥法测定肉及肉制品中水分含量的原理，掌握测定水分含量的操作步骤。

3.实验设备

扁形铝制或玻璃制称量瓶、电热恒温干燥箱、干燥器（内附有效干燥剂）、天平（感量为0.1mg）、组织捣碎机。

4.测定方法与步骤

（1）器皿前处理 取洁净铝制或玻璃制的扁形称量瓶，置于101 ～ 105℃干燥箱中，瓶盖斜支于瓶边，加热1h，取出盖好，置干燥器内冷却0.5h，称量，并重复干燥至前后两次质量差不超过2mg，即为恒重。

（2）样品前处理　取有代表性的试样至少200g，将样品于组织捣碎机中绞碎，使其均质化，充分混匀。绞碎的样品保存在密封的容器中，贮存期间必须防止样品变质和成分变化，处理好的样品需在24h内进行分析。

（3）干燥　精确称取试样2～10g于上述干燥至恒重的称量瓶中。试样厚度不超过5mm，如为疏松试样，厚度不超过10mm，加盖，精密称量后，置于101～105℃干燥箱中，瓶盖斜支于瓶边，干燥2～4h后，盖好取出，放入干燥器内冷却0.5h后称量。然后再放入101～105℃干燥箱中干燥1h左右，取出，放入干燥器内冷却0.5h后再称量。并重复以上操作至前后两次质量差不超过2mg，即为恒重。

5.结果计算

$$X = \frac{m_1 - m_2}{m_1 - m_3} \times 100$$

式中　X——试样中水分的含量，g/100g；

　　　m_1——称量瓶和试样的质量，g；

　　　m_2——称量瓶和试样干燥后的质量，g；

　　　m_3——称量瓶的质量，g；

　　　100——单位换算系数。

水分含量≥1g/100g时，计算结果保留三位有效数字；水分含量<1g/100g时，计算结果保留两位有效数字。

6.思考题

（1）利用直接干燥法测定食品中水分含量时应注意什么？

（2）样品在干燥箱中干燥时，瓶盖为什么斜支于瓶边？

实验二　蛋白质含量的测定

一、凯氏定氮法

1.实验原理

食品中的蛋白质在催化加热条件下被分解，产生的氨与硫酸结合生成硫酸铵。碱化蒸馏使氨游离，用硼酸吸收后以硫酸或盐酸标准溶液滴定，根据酸的消耗量计算氮含量，再乘以换算系数，即为蛋白质的含量。

2.实验目的

通过该实验了解凯氏定氮法测定肉及肉制品中总蛋白质含量的原理，掌握凯氏定氮法的操作步骤。

3.实验试剂与设备

（1）实验试剂　除非另有说明，本方法所用试剂均为分析纯，水为GB/T 6682规定的三级水。

硫酸铜（$CuSO_4 \cdot 5H_2O$）、硫酸钾（K_2SO_4）、硫酸（H_2SO_4）、盐酸（HCl）、硼酸（H_3BO_3）、甲基红指示剂（$C_{15}H_{15}N_3O_2$）、溴甲酚绿指示剂（$C_{21}H_{14}Br_4O_5S$）、亚甲基蓝指示剂（$C_{16}H_{18}ClN_3S \cdot 3H_2O$）、氢氧化钠（NaOH）、95%乙醇（$C_2H_5OH$）。

A混合指示剂：2份1g/L甲基红乙醇溶液与1份1g/L亚甲基蓝乙醇溶液混合。

B混合指示剂：1份1g/L甲基红乙醇溶液与5份1g/L溴甲酚绿乙醇溶液混合。

（2）实验设备　分析天平，凯氏烧瓶，酸式滴定管，容量瓶（100mL），量筒（100mL），20mL吸管，托盘天平，10mL吸管，三角烧瓶。

4.测定方法与步骤

（1）常规凯氏定氮法

① 试样处理　称取充分混匀的固体试样0.2～2g、半固体试样2～5g或液体试样10～25g（相当于30～40mg氮），精确至0.001g，移入干燥的100mL、250mL或500mL定氮瓶中，加入0.4g硫酸铜、6g硫酸钾及20mL硫酸，轻摇后于瓶口放一小漏斗，将瓶以45度角斜支于有小孔的石棉网上。小心加热，待内容物全部炭化，泡沫完全停止后，加强火力，并保持瓶内液体微沸，至液体呈蓝绿色并澄清透明后，再继续加热0.5～1h。取下放冷，小心加入20mL水，放冷后，移入100mL容量瓶中，并用少量水洗定氮瓶，洗液并入容量瓶中，再加水至刻度，混匀备用。同时做试剂空白试验。

② 测定　按图1装好凯氏定氮蒸馏装置，向水蒸气发生器内装水至2/3处，加入数粒玻璃珠，加甲基红乙醇溶液数滴及数毫升硫酸，以保持水呈酸性，加热煮沸水蒸气发生器内的水并保持沸腾。

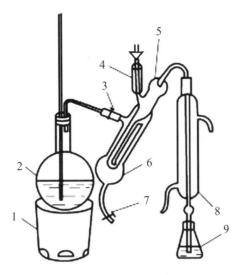

图 1　凯氏定氮蒸馏装置

1—电炉；2—水蒸气发生器（2L烧瓶）；3—螺旋夹；4—小玻杯及棒状玻塞；

5—反应室；6—反应室外层；7—橡皮管及螺旋夹；8—冷凝管；9—蒸馏液接收瓶

③ 向接收瓶内加入10.0mL硼酸溶液及1～2滴A混合指示剂或B混合指示剂，并使冷凝管的下端插入液面下。根据试样中氮含量，准确吸取2.0～10.0mL试样处理液，由小玻杯注入反应室，以10.0mL水洗涤小玻杯并使之流入反应室内，随后塞紧棒状玻塞。将10.0mL氢氧化钠溶液倒入小玻杯，提起玻塞使其缓缓流入反应室，用蒸馏水冲洗玻塞后再盖紧，并水封。夹紧螺旋夹，开始蒸馏。蒸馏10min后移动蒸馏液接收瓶，液面离开冷凝管下端，再蒸馏1min。然后用少量水冲洗冷凝管下端外部，取下蒸馏液接收瓶。尽快以硫酸或盐酸标准滴定溶液滴定至终点，用A混合指示液，终点颜色为灰蓝色；如用B混合指示液，终点颜色为浅灰红色。同时做试剂空白试验。

（2）自动凯氏定氮仪法　称取充分混匀的固体试样0.2～2g、半固体试样2～5g或液体试样10～25g，精确至0.001g，至消化管中，再加入0.4g硫酸铜、6g硫酸钾及20mL硫酸于消化炉进行消化。当消化炉温度达到420℃之后，继续消化1h，此时消化管中的液体呈绿色透明状，取出冷却后加入50mL水，于自动凯氏定氮仪（使用前加入氢氧化钠溶液，盐酸或硫酸标准溶液以及含有混合指示剂A或B的硼酸溶液）上实现自动加液、蒸馏、滴定和记录滴定数据的过程。

5.结果计算

$$X = \frac{(V_1 - V_2)c \times 0.0140}{mV_3/100} \times F \times 100$$

式中　X——试样中蛋白质的含量，g/100g；

　　　V_1——试液消耗硫酸或盐酸标准滴定液的体积，mL；

　　　V_2——试剂空白消耗硫酸或盐酸标准滴定液的体积，mL；

　　　c——硫酸或盐酸标准滴定溶液浓度，mol/L；

0.0140——1.0mL硫 酸$[c(1/2H_2SO_4)=1.000mol/L]$或 盐 酸$[c(HCl)=1.000mol/L]$标准滴定溶液相当的氮的质量，g；

　　　m——试样的质量，g；

　　　V_3——吸取消化液的体积，mL；

　　　F——氮换算为蛋白质的系数；

　　100——换算系数。

蛋白质含量≥1g/100g时，结果保留三位有效数字；蛋白质含量<1g/100g时，结果保留两位有效数字。

注：当只检测氮含量时，不需要乘蛋白质换算系数F。

6.思考题

（1）凯氏定氮法测定总蛋白质含量时有哪些需要注意的地方？

（2）在何种情况下选择用凯氏定氮法测定总蛋白质含量？

二、燃烧法

1.实验原理

试样在900～1200℃高温下燃烧，燃烧过程中产生混合气体，其中的碳、硫等干扰气体和盐类被吸收管吸收，氮氧化物被全部还原成氮气，形成的氮气气流通过热导检测器（TCD）进行检测。

2.实验目的

通过该实验了解燃烧法测定肉及肉制品中总蛋白质含量的原理，掌握燃烧法的操作步骤。

3.实验设备

实验室常规仪器和设备，杜马斯定氮仪，天平（感量为0.1mg）。

4.测定方法与步骤

（1）样品前处理　固体样品在称量前需进行研磨粉碎处理，称取0.03～0.05g粉碎后的样品（精确至0.0001g），用锡箔包裹后置于样品盘上；液体样品称取0.03～0.05g（精确至0.0001g），吸附于硅藻土中后置于样品盘上。

（2）测定　试样进入燃烧反应炉（900～1200℃）后，在高纯氧（≥99.99%）中充分燃烧。燃烧炉中的产物（NO_x）被载气二氧化碳或氦气运送至还原炉（800℃）中，经还原生成氮气后检测其含量。

5.结果计算

$$X=CF$$

式中　X——试样中蛋白质的含量，g/100g；

　　　C——试样中氮的含量，g/100g；

　　　F——氮换算为蛋白质的系数。

6.思考题

（1）燃烧法测定总蛋白质含量时有哪些需要注意的地方？

（2）在何种情况下选择用燃烧法测定总蛋白质含量？

实验三　脂肪含量的测定

一、索氏抽提法测定总脂肪

1.实验原理

脂肪易溶于有机溶剂。试样直接用无水乙醚或石油醚等溶剂抽提后，蒸发除去溶剂，干燥，得到游离态脂肪的含量。

2.实验目的

通过该实验了解索氏抽提法测定肉及肉制品中总脂肪含量的原理，掌握索氏抽提法的操作步骤。

3.实验试剂与设备

（1）实验试剂　除非另有说明，本方法所用试剂均为分析纯，水为GB/T 6682规定的三级水。

无水乙醚（$C_4H_{10}O$）、石油醚（沸程为30～60℃）、石英砂、脱脂棉。

（2）实验设备　索氏抽提器，恒温水浴锅，分析天平（感量0.001g和0.0001g），电热鼓风干燥箱，干燥器（内装有效干燥剂，如硅胶），滤纸筒，蒸发皿。

4.测定方法与步骤

（1）试样前处理　称取充分混匀后的试样2～5g，准确至0.001g，全部移入滤纸筒内。

（2）抽提　将滤纸筒放入索氏抽提器的抽提筒内，连接已干燥至恒重的接收瓶，由抽提器冷凝管上端加入无水乙醚或石油醚至瓶内容积的三分之二处，于水浴上加热，使无水乙醚或石油醚不断回流抽提（6～8h），一般抽提6～10h。提取结束时，用磨砂玻璃棒接取1滴提取液，磨砂玻璃棒上无油斑表明提取完毕。

（3）称量　取下接收瓶，回收无水乙醚或石油醚，待接收瓶内溶剂剩余1～2mL时在水浴上蒸干，再于（100±5）℃干燥1h，放干燥器内冷却0.5h后称量。重复以上操作直至恒重（直至两次称量的差不超过2mg）。

5.结果计算

$$X = \frac{m_1 - m_0}{m_2} \times 100$$

式中　X——试样中脂肪的含量，g/100g；

　　　m_1——恒重后接收瓶和脂肪的含量，g；

　　　m_0——接收瓶的质量，g；

　　　m_2——试样的质量，g；

　　　100——换算系数。

6.思考题

（1）为什么选择沸程为30～60℃的石油醚？

（2）为什么在加热过程中加入沸石？

二、索氏抽提法测定游离脂肪

1.实验原理

试样用无水乙醚、石油醚或正己烷等溶剂抽提后，除去溶剂，干燥并称量抽提物，即为试样中的游离脂肪。

2.实验目的

通过该实验了解索氏抽提法测定肉及肉制品中游离脂肪含量的原理，掌握索氏抽提法的操作步骤。

3.实验试剂和设备

（1）实验试剂 除非另有说明，本方法所用试剂均为分析纯，水为GB/T 6682规定的三级水。

无水乙醚（沸点34.4℃）、石油醚（沸点30～60℃）、正己烷（沸点68.7℃）、无水硫酸钠。

（2）实验设备 实验室常规仪器和设备、组织捣碎机、滤纸筒、脱脂棉、索氏提取器（150mL或250mL）。

4.测定方法与步骤

（1）将取样用的滤纸，先用乙醚浸泡三天进行脱脂，取出滤纸晾10min，使乙醚挥发掉。然后连同铝盒放在100～110℃的干燥箱中烘干，于干燥器中冷却称重，直至恒重。

（2）取样 至少取有代表性的试样200g，于组织捣碎机中绞碎使其均质化并混匀，试样必须封闭贮存于一完全盛满的容器中，防止其腐败和成分变化，并尽可能提早分析试样。

（3）取碎肉样2～3g，在分析天平上称重（记做W_1），精确至0.001g。

（4）用滤纸将样品包好，并用线扎住放在铝盒内置于干燥箱中干燥，先于60℃放1h，而后逐渐升高温度达105℃再放1～2h。取出放在干燥器中冷却后，称重，然后再送去干燥1h，再称重，直至重差不超过0.001g为止（W_2）。

（5）将脂肪抽提器拆开洗净，并放在搪瓷盘中于干燥箱中干燥，冷却后将仪器装置好放在水浴锅中。

（6）将除去水分的样品包，放在抽提管中，滤纸袋的高度要低于虹吸管的顶部1cm。向接收瓶中加入100mL乙醚。通入冷凝水用70℃的水浴提取4h，总回流次数不少于80次时将脂肪全部抽出。检查脂肪是否抽净，可从抽提管中抽取一滴乙醚于滤纸上，挥发后若不留痕迹为抽提完毕。

（7）抽提完后取出样包放在原铝盒中，室内放置10min，挥发去乙醚再于100～105℃的干燥箱中干燥一小时后，冷却后称重。重复加热、冷却和称量过程，直到相继两次称量结果之差不超过0.1%，记录冷却后的重量（W_3）。

用后的乙醚用抽提器回收后再利用。

5.结果计算

$$X = \frac{W_2 - W_3}{W_1} \times 100$$

式中　X——试样中游离脂肪的含量，g/100g；

　　W_1——试样质量，g；

　　W_2——试样干重，g；

　　W_3——抽提后试样的质量，g；

　　100——换算系数。

6.思考题

（1）除去水分时温度不可太高，为什么？

（2）索氏抽提法测定游离脂肪应注意些什么？

三、脂肪测定仪

1.实验原理

脂肪测定仪是根据索氏抽提原理、用重量测定方法来测定脂肪含量，即在有机溶剂下溶解脂肪，用抽提法使脂肪从溶剂中分离出来，称量并计算出脂肪含量。

2.实验目的

掌握脂肪仪测定脂肪含量的原理以及操作步骤，了解脂肪仪的使用规程。

3.实验试剂与设备

（1）实验试剂　除非另有说明，本方法所用试剂均为分析纯，水为GB/T

6682规定的三级水。

无水乙醚。

（2）实验设备　实验室常规仪器和设备、组织捣碎机、滤纸筒、脱脂棉、脂肪测定仪。

4.测定方法与步骤

（1）实验前准备　取除去杂质的干净样品30～50g，如果样品可以粉碎需要进行粉碎并通过孔径为1mm的圆孔筛。

（2）实验操作

① 干净的溶剂杯干燥后称重，记为m_1。使用卷纸棒卷纸筒，准确称取2.0g左右样品于滤纸筒中，加盖一层脱脂棉。装入吊篮后吊起。

② 打开冷却水，控制冷却水流速，打开仪器电源，根据溶剂沸程设定萃取温度50℃（低于最高沸程10℃），溶剂杯内加入提取溶剂石油醚（沸程30～60℃）80mL，下压右侧手柄，将吊篮浸入溶剂中30min。采用回流方法萃取，时间为180min。

③ 萃取完成以后，拉动仪器右侧手柄上滑块，抬起手柄，100℃下溶剂杯烘干到恒重，再次称重，记为m_2。

5.结果计算

$$X = \frac{m_2 - m_1}{m}$$

式中　X——样品中脂肪含量，g/100g；

　　　m_1——干燥溶剂杯质量，g；

　　　m_2——溶剂杯和粗脂肪质量，g；

　　　m——样品质量，g。

6.思考题

（1）实验时脂肪测定仪的加热温度应该怎么设置？

（2）在使用脂肪测定仪时有哪些注意事项？

实验四　灰分含量的测定

一、总灰分的测定

1.实验原理

食品经灼烧后所残留的无机物质称为灰分。灰分数值系经灼烧、称重后计算得出。

2.实验目的

通过该实验了解测定肉及肉制品中总灰分含量的原理，掌握测定灰分的操作步骤。

3.实验试剂与设备

（1）实验试剂　除非另有说明，本方法所用试剂均为分析纯，水为GB/T 6682规定的三级水。

乙酸镁 $[Mg(CH_3COO)_2 \cdot 4H_2O]$、浓盐酸（HCl）。

（2）实验设备

高温炉：最高使用温度≥950℃。

恒温水浴锅：控温精度±2℃。

分析天平：感量分别为0.1mg、1.0mg、0.1g。

石英坩埚或瓷坩埚、干燥器（内有干燥剂）、电热板。

4.测定方法与步骤

（1）坩埚预处理　取大小适宜的石英坩埚或瓷坩埚置高温炉中，在（550±25）℃下灼烧30min，冷却至200℃左右，取出，放入干燥器中冷却30min，准确称量。重复灼烧至前后两次称量相差不超过0.5mg为恒重。

（2）称样　灰分大于或等于10g/100g的试样称取2～3g（精确至0.0001g）；灰分小于或等于10g/100g的试样称取3～10g（精确至0.0001g）；对于灰分含量更低的样品可适当增加称样量。

（3）测定　称取试样后，加入1.00mL乙酸镁溶液（240g/L）或3.00mL

乙酸镁溶液（80g/L），使试样完全润湿。放置10min后，在水浴上将水分蒸干，在电热板上以小火加热使试样充分炭化至无烟，然后置于高温炉中，在（550±25）℃灼烧4h。冷却至200℃左右，取出，放入干燥器中冷却30min，称量前如发现灼烧残渣有炭粒时，应向试样中滴入少许水湿润，使结块松散，蒸干水分再次灼烧至无炭粒即表示灰化完全，方可称量。重复灼烧至前后两次称量相差不超过0.5mg为恒重。吸取3份相同浓度和体积的乙酸镁溶液，做3次试剂空白试验。当3次试验结果的标准偏差小于0.003g时，取算术平均值作为空白值。若标准偏差大于或等于0.003g时，应重新做空白值试验。

5.结果计算

（1）以试样质量计

$$X = \frac{m_1 - m_2 - m_0}{m_3 - m_2} \times 100$$

式中　X——试样中灰分的含量，g/100g；

　　　m_1——坩埚和灰分的质量，g；

　　　m_2——坩埚的质量，g；

　　　m_0——氧化镁（乙酸镁灼烧后生成物）的质量，g；

　　　m_3——坩埚和试样的质量，g；

　　　100——换算系数。

（2）以干物质计

$$X = \frac{m_1 - m_2 - m_0}{(m_3 - m_2)\, \omega} \times 100$$

式中　X——试样中灰分的含量，g/100g；

　　　m_1——坩埚和灰分的质量，g；

　　　m_2——坩埚的质量，g；

　　　m_0——氧化镁（乙酸镁灼烧后生成物）的质量，g；

　　　m_3——坩埚和试样的质量，g；

　　　ω——试样干物质含量（质量分数），%；

　　　100——换算系数。

二、水溶性灰分和水不溶性灰分的测定

1.实验原理

用热水提取总灰分，经无灰滤纸过滤、灼烧、称量残留物，测得水不溶性灰分，由总灰分和水不溶性灰分的质量之差计算水溶性灰分。

2.实验目的

通过该实验了解测定肉及肉制品中水溶性灰分和水不溶性灰分含量的原理，掌握测定水溶性灰分和水不溶性灰分的操作步骤。

3.实验试剂与设备

除非另有说明，本方法所用试剂均为分析纯，水为GB/T 6682规定的三级水。

高温炉：最高温度≥950℃。

分析天平：感量分别为0.1mg、1.0mg、0.1g。

表面皿：直径6cm。

烧杯（高型）：容量100mL。

恒温水浴锅：控温精度±2℃。

石英坩埚或瓷坩埚、干燥器（内有干燥剂）、无灰滤纸、漏斗。

4.测定方法与步骤

（1）坩埚预处理　取大小适宜的石英坩埚或瓷坩埚置高温炉中，在（550±25）℃下灼烧30min，冷却至200℃左右，取出，放入干燥器中冷却30min，准确称量。重复灼烧至前后两次称量相差不超过0.5mg为恒重。

（2）称样　灰分大于或等于10g/100g的试样称取2～3g（精确至0.0001g）；灰分小于或等于10g/100g的试样称取3～10g（精确至0.0001g）；对于灰分含量更低的样品可适当增加称样量。

（3）总灰分的制备　称取试样后，加入1.00mL乙酸镁溶液（240g/L）或3.00mL乙酸镁溶液（80g/L），使试样完全润湿。放置10min后，在水浴上将水分蒸干，在电热板上以小火加热使试样充分炭化至无烟，然后置于高温炉中，

在（550±25）℃灼烧4h。冷却至200℃左右，取出，放入干燥器中冷却30min。

（4）测定　用约25mL热蒸馏水分次将总灰分从坩埚中洗入100mL烧杯中，盖上表面皿，用小火加热至微沸，防止溶液溅出。趁热用无灰滤纸过滤，并用热蒸馏水分次洗涤杯中残渣，直至滤液和洗涤体积约达150mL为止，将滤纸连同残渣移入原坩埚内，放在沸水浴锅上小心地蒸去水分，然后将坩埚烘干并移入高温炉内，以（550±25）℃灼烧至无炭粒（一般需1h）。待炉温降至200℃时，放入干燥器内，冷却至室温，称重（准确至0.0001g）。再放入高温炉内，以（550±25）℃灼烧30min，如前冷却并称重。如此重复操作，直至连续两次称重之差不超过0.5mg为止，记下最低质量。

5.结果计算

（1）以试样质量计

① 水不溶性灰分的含量

$$X_1 = \frac{m_1 - m_2}{m_3 - m_2} \times 100$$

式中　X_1——水不溶性灰分的含量，g/100g；

　　　m_1——坩埚和水不溶性灰分的质量，g；

　　　m_2——坩埚的质量，g；

　　　m_3——坩埚和试样的质量，g；

　　　100——换算系数。

② 水溶性灰分的含量

$$X_2 = \frac{m_4 - m_5}{m_0} \times 100$$

式中　X_2——水溶性灰分的含量，g/100g；

　　　m_0——试样的质量，g；

　　　m_4——总灰分的质量，g；

　　　m_5——水不溶性灰分的质量，g；

　　　100——换算系数。

（2）以干物质计

① 水不溶性灰分的含量

$$X_1 = \frac{m_1 - m_2}{(m_3 - m_2)\omega} \times 100$$

式中　X_1——水不溶性灰分的含量，g/100g；

　　　m_1——坩埚和水不溶性灰分的质量，g；

　　　m_2——坩埚的质量，g；

　　　m_3——坩埚和试样的质量，g；

　　　ω——试样干物质含量（质量分数），%；

　　　100——换算系数。

② 水溶性灰分的质量

$$X_2 = \frac{m_4 - m_5}{m_0 \omega} \times 100$$

式中　X_2——水溶性灰分的含量，g/100g；

　　　m_0——试样的质量，g；

　　　m_4——总灰分的质量，g；

　　　m_5——水不溶性灰分的质量，g；

　　　ω——试样干物质含量（质量分数），%；

　　　100——换算系数。

三、酸不溶性灰分的测定

1.实验原理

用盐酸溶液处理总灰分，过滤，灼烧，称量残留物。

2.实验目的

通过该实验了解测定肉及肉制品中酸不溶性灰分含量的原理，掌握测定酸不溶性灰分的操作步骤。

3.实验试剂与设备

（1）实验试剂　除非另有说明，本方法所用试剂均为分析纯，水为GB/T 6682规定的三级水。

浓盐酸（HCl）。

（2）实验设备

高温炉：最高温度≥950℃。

分析天平：感量分别为0.1mg、1mg、0.1g。

表面皿：直径6cm。

烧杯（高型）：容量100mL。

恒温水浴锅：控温精度±2℃。

石英坩埚或瓷坩埚、干燥器（内有干燥剂）、无灰滤纸、漏斗。

4.测定方法与步骤

（1）坩埚预处理

取大小适宜的石英坩埚或瓷坩埚置高温炉中，在（550±25）℃下灼烧30min，冷却至200℃左右，取出，放入干燥器中冷却30min，准确称量。重复灼烧至前后两次称量相差不超过0.5mg为恒重。

（2）称样

灰分大于或等于10g/100g的试样称取2～3g（精确至0.0001g）；灰分小于或等于10g/100g的试样称取3～10g（精确至0.0001g）；对于灰分含量更低的样品可适当增加称样量。

（3）总灰分的制备

称取试样后，加入1.00mL乙酸镁溶液（240g/L）或3.00mL乙酸镁溶液（80g/L），使试样完全润湿。放置10min后，在水浴上将水分蒸干，在电热板上以小火加热使试样充分炭化至无烟，然后置于高温炉中，在（550±25）℃灼烧4h。冷却至200℃左右，取出，放入干燥器中冷却30min。

（4）测定

用25mL 10%盐酸溶液将总灰分分次洗入100mL烧杯中，盖上表面皿，在沸水浴上小心加热，至溶液由浑浊变为透明时，继续加热5min，趁热用无灰滤纸过滤，用沸蒸馏水少量反复洗涤烧杯和滤纸上的残留物，直至中性（约150mL）。将滤纸连同残渣移入原坩埚内，在沸水浴上小心蒸去水分，移入高温炉内，以（550±25）℃灼烧至无炭粒（一般需1h）。待炉温降至200℃时，取出坩埚，放入干燥器内，冷却至室温，称重（准确至0.0001g）。再放入高温炉内，以（550±25）℃灼烧30min，如前冷却并称重。如此重复操作，直至连续两次称重之差不超过0.5mg为止，记下最低质量。

5.结果计算

（1）以试样质量计

$$X = \frac{m_1 - m_2}{m_3 - m_2} \times 100$$

式中　X——酸不溶性灰分的含量，g/100g；

m_1——坩埚和酸不溶性灰分的质量，g；

m_2——坩埚的质量，g；

m_3——坩埚和试样的质量，g；

100——单位换算系数。

（2）以干物质计

$$X = \frac{m_1 - m_2}{(m_3 - m_2)\omega} \times 100$$

式中　X——酸不溶性灰分的含量，g/100g；

m_1——坩埚和酸不溶性灰分的质量，g；

m_2——坩埚的质量，g；

m_3——坩埚和试样的质量，g；

ω——试样干物质含量（质量分数），%；

100——单位换算系数。

6.思考题

（1）测定肉制品中的灰分时为什么要加入乙酸镁溶液？

（2）测定肉制品中的灰分之前为什么要进行炭化处理？

（3）测定肉制品中的灰分时应该注意什么？

实验五　淀粉含量的测定

一、滴定法

1.实验原理

试样中加入氢氧化钾-乙醇溶液，在沸水浴上加热后，滤去上清液，用热乙醇洗涤沉淀除去脂肪和可溶性糖，沉淀经盐酸水解后，用碘量法测定形成的葡萄糖并计算淀粉含量。

2.实验目的

通过该实验了解滴定法测定肉及肉制品中淀粉含量的原理，掌握滴定法测定淀粉含量的操作步骤。

3.实验试剂与设备

（1）实验试剂　除非另有说明，本方法所用试剂均为分析纯，水为GB/T 6682规定的三级水。

氢氧化钾、95%乙醇、盐酸、氢氧化钠、铁氰化钾、乙酸锌、冰乙酸、硫酸铜（$CuSO_4 \cdot 5H_2O$）、无水碳酸钠、柠檬酸（$C_6H_8O_7 \cdot H_2O$）、碘化钾、硫代硫酸钠（$Na_2S_2O_3 \cdot 5H_2O$）、溴百里酚蓝（指示剂）、可溶性淀粉（指示剂）。

（2）试剂配制

① 氢氧化钾-乙醇溶液　称取氢氧化钾50g，用95%乙醇溶解并稀释至1000mL。

② 80%乙醇溶液　量取95%乙醇842mL，用水稀释至1000mL。

③ 1.0mol/L盐酸溶液　量取盐酸83mL，用水稀释至1000mL。

④ 氢氧化钠溶液　称取固体氢氧化钠30g，用水溶解并稀释至100mL。

⑤ 蛋白质沉淀剂　分溶液A和溶液B。

溶液A：称取铁氰化钾106g，用水溶解并稀释至1000mL。

溶液B：称取乙酸锌220g，加冰乙酸30mL，用水稀释至1000mL。

⑥ 碱性铜试剂

溶液a：称取硫酸铜25g，溶于100mL水中。

溶液b：称取无水碳酸钠144g，溶于300～400mL 50℃水中。

溶液c：称取柠檬酸50g，溶于50mL水中。

将溶液c缓慢加入溶液b中，边加边搅拌直至气泡停止产生。将溶液a加到此混合液中并连续搅拌，冷却至室温后，转移到1000mL容量瓶中，定容至刻度，混匀。放置24h后使用，若出现沉淀需过滤。

取1份此溶液加入到49份煮沸并冷却的蒸馏水，pH应为10.0±0.1。

⑦ 碘化钾溶液　称取碘化钾10g，用水溶解并稀释至100mL。

⑧ 盐酸溶液　取盐酸100mL，用水稀释至160mL。

⑨ 0.1mol/L硫代硫酸钠标准溶液按GB/T 601—2016制备。

⑩ 溴百里酚蓝指示剂　称取溴百里酚蓝1g，用95%乙醇溶液稀释到100mL。

⑪ 淀粉指示剂　称取可溶性淀粉0.5g，加少许水，调成糊状，倒入盛有50mL沸水中调匀，煮沸，临用时配制。

（3）实验设备

天平（感量为10mg）、恒温水浴锅、冷凝管、绞肉机（孔径不超过4mm）、电炉。

4.测定方法与步骤

（1）试样制备　取有代表性的试样不少于200g，用绞肉机绞两次并混匀。绞好的试样应尽快分析，若不立即分析，应密封冷藏贮存，防止变质和成分发生变化。贮存的试样启用时应重新混匀。

（2）淀粉分离　称取试样25g（精确到0.01g，淀粉含量约1g）放入500mL烧杯中，加入热氢氧化钾-乙醇溶液300mL，用玻璃棒搅匀，盖上表面皿，在沸水浴上加热1h，不时搅拌。然后将混合物完全转移到漏斗上过滤，用80%热乙醇溶液洗涤沉淀数次。根据样品的特征，可适当增加洗涤液的用量和洗涤次数，以保证糖洗涤完全。

（3）水解　将滤纸钻孔，用1.0mol/L盐酸溶液100mL，将沉淀完全洗入250mL烧杯中，盖上表面皿，在沸水浴中水解2.5h，不时搅拌。

溶液冷却到室温，用氢氧化钠溶液中和至pH约为6（不要超过6.5）。将溶液移入200mL容量瓶中，加入蛋白质沉淀剂溶液A 3mL，混合后再加入蛋白质沉淀剂溶液B 3mL，用水定容到刻度。摇匀，经不含淀粉的滤纸过滤。滤液中加入氢氧化钠溶液1～2滴，使之对溴百里酚蓝指示剂呈碱性。

（4）测定　准确取一定量滤液（V_4）稀释到一定体积（V_5），然后取25.00mL移入碘量瓶中，加入25.00mL碱性铜试剂，装上冷凝管，在电炉上2min内煮沸。随后改用温火继续煮沸10min，迅速冷却至室温，取下冷凝管，加入碘化钾溶液30mL，小心加入盐酸溶液25.0mL，盖好盖待滴定。用硫代硫酸钠标准溶液滴定上述溶液中释放出来的碘。当溶液变成浅黄色时，加入淀粉指示剂1mL，继续滴定直到蓝色消失，记下消耗的硫代硫酸钠标准溶液体积

（V_3）。同一试样进行两次测定并做空白试验。

5.结果计算

（1）葡萄糖量的计算

$$X_3 = 10 \times (V_{空} - V_3) \times c$$

式中　X_3——消耗硫代硫酸钠的物质的量，mmol；

　　　$V_{空}$——空白试验消耗硫代硫酸钠标准溶液的体积，mL；

　　　V_3——试样液消耗硫代硫酸钠标准溶液的体积，mL；

　　　c——硫代硫酸钠标准溶液的浓度，mol/L；

　　　10——换算系数。

根据X_3从表1中查出相应的葡萄糖量（m_3）。

表 1　硫代硫酸钠的物质的量同葡萄糖量（m_3）的换算关系

X_3/mmol	相应的葡萄糖量	
	m_3/mg	Δm_3/mg
1	2.4	2.4
2	4.8	2.4
3	7.2	2.5
4	9.7	2.5
5	12.2	2.5
6	14.7	2.5
7	17.2	2.6
8	19.8	2.6
9	22.4	2.6
10	25.0	2.6
11	27.6	2.7
12	30.3	2.7
13	33.0	2.7
14	35.7	2.8
15	38.5	2.8
16	41.3	2.9

续表

X_3/mmol	相应的葡萄糖量	
	m_3/mg	Δm_3/mg
17	44.2	2.9
18	47.1	2.9
19	50.0	3.0
20	53.0	3.0
21	56.0	3.1
22	59.1	3.1
23	62.2	3.1
24	65.3	3.1
25	68.4	3.1

（2）淀粉含量的计算

$$X = \frac{m_3 \times 0.9}{1000} \times \frac{V_5}{25} \times \frac{200}{V_4} \times \frac{100}{m} = 0.75 \times \frac{V_5}{V_4} \times \frac{m_3}{m}$$

式中　X——淀粉含量，g/100g；

　　　m_3——葡萄糖含量，mg；

　　1000——质量单位换算系数（mg转换成g）；

　　　25——测定时使用的稀释水解液体积数量；

　　200——水解液总体积数量；

　　100——将g/g换算成g/100g的系数；

　　0.9——葡萄糖折算成淀粉的换算系数；

　　　V_5——稀释后试样的体积，mL；

　　　V_4——所取滤液的体积，mL；

　　　m——试样的质量，g。

6.思考题

（1）淀粉分离时如何保证糖已洗涤完全？

（2）利用滴定法测定淀粉含量时应该注意些什么？

二、容量法

1.实验原理

淀粉可在酸水解下生成葡萄糖，然后根据斐林氏容量法测定葡萄糖的含量。

2.实验目的

通过该实验了解容量法测定肉及肉制品中淀粉含量的原理，掌握容量法测定淀粉含量的操作步骤。

3.实验试剂与设备

（1）实验试剂　除非另有说明，本方法所用试剂均为分析纯，水为GB/T 6682规定的三级水。

浓盐酸、醋酸锌、亚铁氰化钾、硫酸铜（$CuSO_4 \cdot 5H_2O$）、酒石酸钾钠、氢氧化钠、蔗糖。

（2）试剂配制

① 斐林氏A液　溶解69.28g化学纯的硫酸铜于1000mL水中，过滤备用。

② 斐林氏B液　溶解346g化学纯的酒石酸钾钠和100g氢氧化钠于1000mL水中，过滤备用。

③ 斐林氏溶液标定　准确称取经烘干冷却的分析纯蔗糖1.5～2g，用蒸馏水溶解并移入250mL容量瓶中，加水至刻度，摇匀，吸取此液50mL于100mL容量瓶中，加盐酸5mL，摇匀，置水浴中加热，使溶液在2～2.5min内升温至67～69℃，保持7.5～8min，使全部加热时间为10min，取出，迅速冷却至室温，用30% NaOH溶液中和，加水至刻度，摇匀，注入滴定管中（必要时过滤）。

准确吸取斐林氏A、B液各5mL于250mL锥形瓶中，加水约50mL，玻璃珠数粒。置石棉网上加热至沸，保持1min，加入亚甲蓝指示剂一滴。再煮沸1min，立即用配制好的糖液滴定至蓝色褪尽显鲜红色为终点，正式滴定时，先加入比预试时少0.5mL左右的糖液，煮沸1min，加指示剂1滴，再煮沸1min，继续用糖液滴定至终点，按下式计算其浓度：

$$A = \frac{WV}{500 \times 0.95}$$

式中　A——10mL斐林氏A和B混合液的转化糖的量，g；

     W——称取的纯蔗糖的量，g；

     V——滴定时消耗的糖液的量，mL；

 500——稀释比；

 0.95——换算系数（0.95g蔗糖可转化为1g转化糖）。

（3）实验设备 500mL磨口锥瓶、100mL量筒、回流装置、滤纸和漏斗、500mL容量瓶和100mL容量瓶、碱式滴定管、10mL和5mL吸管、水浴。

4.测定方法与步骤

（1）称取样品5g，除去脂肪和水（可用测定脂肪和水分后的残渣）。移入500mL磨口锥瓶中，加100mL水和7mL浓盐酸，加热回流1h，冷却，用30%NaOH中和，用滤纸滤入500mL容量瓶中，加5mL 12%醋酸锌和5mL 16%亚铁氰化钾澄清之，加水至刻度，摇匀，过滤。

（2）取滤液50mL于100mL容量瓶中，加盐酸5mL，摇匀，置水浴中加热，使溶液在2～2.5min内升温至67～69℃，保持7.5～8min，使全部加热时间为10min，取出，迅速冷却至高温，用30% NaOH溶液中和，加水至刻度，摇匀，注入滴定管中（必要时过滤）。

（3）将检液注入滴定管中，吸取斐林氏A液和B液各5mL于250mL锥形瓶中，按斐林氏溶液的标定方法进行滴定，按下式计算出含糖量。

5.结果计算

$$X = \frac{1000A}{WV} \times 100\%$$

式中 X——总糖含量，以转化糖计；

     A——10mL斐林氏A和B混合液的转化糖的量，g；

     W——称取的样品的量，g；

     V——滴定时消耗的样液的量，mL；

 1000——稀释倍数。

按下式计算淀粉含量：

$$淀粉(\%) = 转化糖(\%) \times 0.94$$

6.思考题

（1）溶液为什么要在2～2.5min内升温至67～69℃？

（2）斐林试剂加热时加入数粒玻璃珠的作用是什么？

三、酶法

1.实验原理

样品中的淀粉在葡萄糖淀粉酶的作用下水解生产葡萄糖，葡萄糖与GOPOD试剂发生显色反应，产物在510nm处具有特征吸收峰，通过吸光值变化即可测定淀粉含量。

2.实验目的

通过该实验了解酶法测定肉及肉制品中淀粉含量的原理，掌握酶法测定淀粉含量的操作步骤。

3.实验试剂与设备

（1）实验试剂 磷酸二氢钠、氢氧化钠、冰乙酸、葡萄糖淀粉酶、D-葡萄糖试剂盒（GOPOD）。

（2）试剂配制

① 磷酸盐缓冲液 称取6.9g磷酸氢二钠，20mL NaOH（2mol/L）溶液定容至1L。

② 乙酸钠缓冲液 量取5.9mL冰乙酸，25mL NaOH（2mol/L）溶液定容至1L。

（3）实验设备 磁力搅拌器、玻璃试管、分光光度计、涡旋振荡仪。

4.测定方法与步骤

（1）称取250mg样品，加入5mL NaOH（1.5mol/L或0.5mol/L）溶液，磁力搅拌1min，加入30mL乙酸钠缓冲液及5mL盐酸溶液，然后将溶液以1000r/min涡旋振荡10s。

（2）量取2mL上述混合溶液分别加入2支10mL玻璃试管中，向其中一支试管中加入10μL葡萄糖淀粉酶溶液，另一支试管中不添加酶溶液，其余操作均相同，用以制作样品空白。迅速将两支玻璃试管在37℃水浴中加热45min，每隔

15min将加酶试管取出并以1500r/min涡旋振荡5s后放回。

（3）向上述水浴加热后的两支混合溶液中分别加入8mL磷酸盐缓冲液，并以1500r/min涡旋振荡10s。分别取0.4mL混合溶液和1mL GOPOD试剂加入比色皿中，涡旋振荡后在37℃水浴中加热30min，并每隔15min将比色皿取出以1500r/min涡旋振荡5s后放回。将水浴加热后的比色皿在510nm处测吸光值。

5.结果计算

基于样品干重：

$$X = \frac{(X_{510} - X_b - X_r) \times K \times 0.9}{\dfrac{M}{DE \times CF}} / (100 - W_S) \times 100\%$$

式中　X——总淀粉含量；

　　X_{510}——样品在510nm处的吸光度读数；

　　X_b——样品空白相对于试剂空白的吸光度读数；

　　X_r——试剂空白的吸光度读数；

　　K——葡萄糖溶液标准曲线的斜率；

　　DE——溶解的样品溶液体积和酶促转化的样品溶液体积的比值；

　　CF——试管中水解样品体积溶液与用于显色反应的样品体积之比；

　　M——样品质量，mg；

　　0.9——从游离D-葡萄糖调整为无水D-葡萄糖的系数；

　　W_S——样品的水分含量。

6.思考题

（1）样品在37℃水浴中加热的目的是什么？

（2）样品中加入磷酸盐缓冲液的作用是什么？

实验六　亚硝酸盐含量的测定

1.实验原理

试样经沉淀蛋白质、除去脂肪后，在弱酸条件下，亚硝酸盐与对氨基苯磺酸重氮化后，再与盐酸萘乙二胺偶合形成紫红色染料，外标法测得亚硝酸盐含量。

2.实验目的

通过该实验了解测定肉及肉制品中亚硝酸盐的原理，掌握测定亚硝酸盐含量的操作步骤。

3.实验试剂与设备

（1）实验试剂　除非另有说明，本方法所用试剂均为分析纯，水为GB/T 6682规定的一级水。

亚铁氰化钾 [$K_4Fe(CN)_6 \cdot 3H_2O$]、乙酸锌 [$Zn(CH_3COO)_2 \cdot 2H_2O$]、冰乙酸、硼酸钠（$Na_2B_4O_7 \cdot 10H_2O$）、盐酸（HCl，$\rho=1.19g/mL$）、氨水（$NH_3 \cdot H_2O$，25%）、对氨基苯磺酸、盐酸萘乙二胺（$C_{12}H_{14}N_2 \cdot 2HCl$）。

亚硝酸钠：基准试剂，或采用具有标准物质证书的亚硝酸盐标准溶液。

（2）试剂配制

① 亚硝酸钠标准溶液（200 μg/mL，以亚硝酸钠计）　准确称取0.1g于110～120℃干燥恒重的亚硝酸钠，加水溶解，移入500mL容量瓶中，加水稀释至刻度，混匀。

② 亚硝酸钠标准使用液（5.0μg/mL）　临用前，吸取2.5mL亚硝酸钠标准溶液，置于100mL容量瓶中，加水稀释至刻度。

（3）实验设备

天平（感量为0.1mg和1mg）、组织捣碎机、超声波清洗器、恒温干燥箱、分光光度计。

4.测定方法与步骤

（1）试样的预处理　用组织捣碎机将样品制成匀浆，备用。

（2）提取

称取5g（精确至0.001g）匀浆试样（如制备过程中加水，应按加水量折算），置于250mL具塞锥形瓶中，加12.5mL 50g/L饱和硼砂溶液，加入70℃左右的水约150mL，混匀，于沸水浴中加热15min，取出置冷水浴中冷却，并放置至室温。定量转移上述提取液至200mL容量瓶中，加入5mL 106g/L亚铁氰化钾溶液，摇匀，再加入5mL 220g/L乙酸锌溶液，以沉淀蛋白质。加水至刻度，摇匀，放置30min，除去上层脂肪，上清液用滤纸过滤，弃去初滤液30mL，滤液备用。

（3）亚硝酸盐的测定　吸取40.0mL上述滤液于50mL具塞比色管中，另吸取 0mL、0.20mL、0.40mL、0.60mL、0.80mL、1.00mL、1.50mL、2.00mL、2.50mL 亚硝酸钠标准使用液（相当于 0μg、1.0μg、2.0μg、3.0μg、4.0μg、5.0μg、7.5μg、10.0μg、12.5μg 亚硝酸钠），分别置于 50mL 具塞比色管中。于标准管与试样管中分别加入 2mL 4g/L 对氨基苯磺酸溶液，混匀，静置 3～5min 后各加入 1mL 2g/L 盐酸萘乙二胺溶液，加水至刻度，混匀，静置 15min，用 1cm 比色杯，以零管调节零点，于波长 538nm 处测吸光度，绘制标准曲线比较。同时做试剂空白试验。

5.结果计算

$$X = \frac{m_2 \times 1000}{m_3 \times \dfrac{V_1}{V_0} \times 1000}$$

式中　X——试样中亚硝酸钠的含量，mg/kg；

　　　m_2——测定用样液中亚硝酸钠的质量，μg；

　　1000——质量转换系数；

　　　m_3——试样质量，g；

　　　V_1——测定用样液体积，mL；

　　　V_0——试样处理液总体积，mL。

6.思考题

（1）提取亚硝酸盐时加入硼砂溶液的目的是什么？

（2）在比色杯中加入对氨基苯磺酸溶液的目的是什么？

（3）在比色杯中加入盐酸萘乙二胺溶液的目的是什么？

第二节　新鲜度指标测定

实验一　水分活度的测定

一、康卫氏皿扩散法

1.实验原理

两种具有不同水分活度值（A_W）的物品放在一起就会有水分的传递，水分活度高的物品失水，水分活度低的物品吸水而达新的动态平衡，水分的得失可以用物品重量的增减来表示。在密封、恒温的康卫氏皿中，试样中的自由水与水分活度较高和较低的标准饱和溶液相互扩散，经过足够的时间达到平衡后，根据试样质量的变化量算出水分得失量，最后用水分得失量为纵坐标，以水分活度为横坐标作图，交于横坐标的点（增重量为0的点）的数值即是被测物品的水分活度值。

2.实验目的

通过该实验了解康卫氏皿扩散法测定肉及肉制品中水分活度的原理，掌握康卫氏皿扩散法测定水分活度的操作步骤。

3.实验试剂与设备

（1）试剂 所用试剂均为分析纯，所用水为蒸馏水或相当纯度的水。

溴化锂（$LiBr \cdot 2H_2O$）、氯化镁（$MgCl_2 \cdot 6H_2O$）、硝酸镁［$Mg(NO_3)_2 \cdot 6H_2O$］、硝酸钠、氯化钾、溴化钾、氯化钡（$BaCl_2 \cdot 2H_2O$）、硝酸钾、硫酸钾、氯化锂（$LiCl \cdot H_2O$）、碳酸钾、溴化钠（$NaBr \cdot 2H_2O$）、氯化钠、硝酸锶、硫酸铵、氯化锶（$SrCl_2 \cdot 6H_2O$）、氯化钴（$CoCl_2 \cdot 6H_2O$）。

（2）试剂配制 在易于溶解的温度下，准确称取标准盐，加入热水溶解，冷却至形成固液两相的饱和溶液（表2），贮于棕色试剂瓶中，常温下放置一周后使用。

表2 标准饱和盐溶液的配制比例及 A_W 值（25℃）

标准盐	标准盐质量 /g	水体积 /mL	A_W
$LiBr \cdot 2H_2O$	500	200	0.064
$MgCl_2 \cdot 6H_2O$	150	200	0.328
$Mg(NO_3)_2 \cdot 6H_2O$	200	200	0.529
$NaNO_3$	260	200	0.743
KCl	100	200	0.843
KBr	200	200	0.809
$BaCl_2 \cdot 2H_2O$	100	200	0.902
KNO_3	120	200	0.936

续表

标准盐	标准盐质量 /g	水体积 /mL	A_w
K_2SO_4	35	200	0.973
$LiCl \cdot H_2O$	220	200	0.113
K_2CO_3	300	200	0.432
$NaBr \cdot 2H_2O$	260	200	0.576
NaCl	100	200	0.753
$Sr(NO_3)_2$	240	200	0.851
$(NH_4)_2SO_4$	210	200	0.810
$SrCl_2 \cdot 6H_2O$	200	200	0.709
$CoCl_2 \cdot 6H_2O$	160	200	0.649

（3）仪器设备　康卫氏皿（带磨砂玻璃盖），如图2所示。称量皿、组织捣碎机、分析天平（精度0.0001g）、恒温培养箱（精度±1℃）、电热恒温鼓风干燥箱。

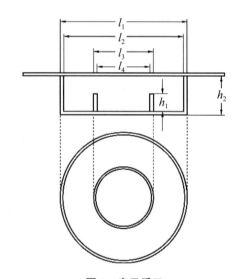

图2　康卫氏皿

l_1—外室外直径，100mm；l_2—外室内直径，92mm；l_3—内室外直径，53mm；
l_4—内室内直径，45mm；h_1—内室高度，10mm；h_2—外室高度，25mm

4.测定方法与步骤

（1）试样制备　取有代表性的试样至少200g，于组织捣碎机中至少绞两次使其均质化并混匀，将盛有试样的密闭容器、康卫氏皿及称量皿置于恒温培养箱内，于（25±1）℃条件下，恒温30min。取出后立即使用及测定。

（2）试样测定

① 首先估计待测样的水分活度值，分别选用水分活度数值大于和小于试样预测结果数值的饱和盐溶液2种，使其A_W值与待测试样的A_W值相接近。各取12.0mL，注入康卫氏皿的外室。

② 在预先干燥并称量的称量皿中迅速称取试样约1.5g（精确至0.0001g），放入盛有标准饱和盐溶液的康卫氏皿的内室。

③ 沿康卫氏皿上口平行移动盖好涂有凡士林的磨砂玻璃片，放入（25±1）℃的恒温培养箱内，恒温24h。取出盛有试样的称量皿，立即称量（精确至0.0001g）。

5.结果计算

（1）计算试样质量的增减量

$$X = \frac{m_1 - m}{m - m_0}$$

式中　X——试样质量的增减量即水分得失量，g/g；

　　　m_1——25℃扩散平衡后，试样和称量皿的质量，g；

　　　m——25℃扩散平衡前，试样和称量皿的质量，g；

　　　m_0——称量皿的质量，g。

（2）绘制直线图　以所选饱和盐溶液（25℃）的水分活度（A_W）数值为横坐标，对应标准饱和盐溶液的试样的质量增减数值为纵坐标，绘制二维直线图。取横坐标截距值，即为该样品的水分活度值。

例如：25℃时

　　　$MgCl_2$饱和液A_W为0.33　　　　　待测样减重20mg

　　　NaCl饱和液A_W为0.75　　　　　待测样增重10mg

作图，见图3。

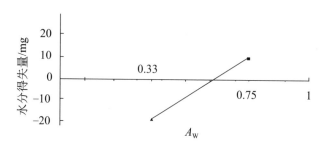

图3 待测物品的水分活度值

当分析结果符合精密度的要求时，则取两次测定的算术平均值作为结果，计算结果保留两位有效数字。

精密度：在重复性条件下获得的两次独立测定结果的绝对差值不得超过算术平均值的10%。

6.思考题

（1）康卫氏皿扩散法测定水分活度时有哪些需要注意的地方？

（2）在何种情况下不能用康卫氏皿扩散法测定水分活度？

二、水分活度仪扩散法

1.实验原理

在密闭、恒温的水分活度仪测量舱内，试样中的水分扩散平衡，此时水分活度仪测量舱内的传感器或数字化探头显示出的响应值（相对湿度对应的数值）即为样品的水分活度（A_W）。

2.实验目的

通过该实验了解水分活度仪扩散法测定肉及肉制品中水分活度的原理，掌握利用水分活度仪快速、准确测定水分活度的方法。

3.实验设备

水分活度测定仪、组织捣碎机、样品杯。

4.测定方法与步骤

（1）试样制备　取有代表性的试样至少200g，于组织捣碎机中至少绞两次使其均质化并混匀，试样必须封闭贮存于一完全盛满的容器中，防止其腐败和成分变化，并尽可能提早分析试样。

（2）试样测定 采约7mL样品，将样品杯置于样品仓内，合上仪器盖子，密封等待蒸汽达到平衡。

5.结果表述

样品的露点温度由红外光束探测样品仓的冷凝镜面露点决定。露点温度随即转换成水分活度读数。

当分析结果符合精密度的要求时，则取两次测定的算术平均值作为结果，计算结果保留两位有效数字。

精密度：在重复性条件下获得的两次独立测定结果的绝对差值不得超过算术平均值的5%。

6.思考题

（1）水分活度仪扩散法测定水分活度有哪些注意事项？

（2）在何种情况下不能用水分活度仪扩散法测定水分活度？

实验二 pH的测定

1.实验原理

目前常用测定溶液pH值的方法有两种，一种是比色法，另一种是电位法，比色法是利用不同的酸碱指示剂来显示pH值。由于各种酸碱指示剂在不同的pH范围显示不同的颜色，因此，可以用不同指示剂的混合物显示各种不同的颜色来指示溶液的pH值。比色法简便易行，但只能测得粗略的近似值，我们常用的pH试纸就属于这一类。

电位法也就是用酸度计测定溶液的pH值，酸度计是用一支能指示溶液pH值的玻璃电极作指示电极，用甘汞电极作参比电极组成一个电池，浸入被测溶液中，此时所组成的电池产生一个电动势。电动势的大小与溶液中的氢离子活度，即pH值有直接关系，结合能斯特方程式：

$$E=E_0+(2.303RT/F)\lg \alpha_{H}^{+}=E_0-(2.303RT/F)\lg pH$$

式中 R——气体常数，8.314J/(mol·K)；

F——法拉第常数，96485C/mol；

T——绝对温度，K；

E_0——标准电极电位，V；

α_{H^+}——氢离子活度，mol/kg。

在25℃时，每相差一个pH值单位，就产生59.1mV的电极电位，pH值可在仪器的刻度上直接读出。

2.实验目的

通过该实验了解肉及肉制品pH测定的原理，掌握利用pH计测定pH的操作步骤。

3.实验试剂与设备

（1）试剂　所用试剂均为分析纯，所用水为蒸馏水或相当纯度的水。

邻苯二甲酸氢钾、一水柠檬酸、无水磷酸二氢钾、无水磷酸氢二钠、氯化钾。

（2）校正缓冲液配制

20℃时，pH=4.00的缓冲溶液。于110～130℃将邻苯二甲酸氢钾干燥至恒重，并于干燥器内冷却至室温。称取邻苯二甲酸氢钾10.211g（精确到0.001g），加入800mL水溶解，用水定容至1000mL。

20℃时，pH=5.45的缓冲溶液。称取7.010g（精确到0.001g）一水柠檬酸，加入500mL水溶解，加入375mL 1.0mol/L氢氧化钠溶液，用水定容至1000mL。

20℃时，pH=6.88的缓冲溶液。于110～130℃将无水磷酸二氢钾和无水磷酸氢二钠干燥至恒重，于干燥器内冷却至室温。称取上述磷酸二氢钾3.402g（精确到0.001g）和磷酸氢二钠3.549g（精确到0.001g），溶于水中，用水定容至1000mL。

（3）仪器设备

pH计：准确度为0.01，仪器应有温度补偿系统，若无温度补偿系统，应在20℃以下使用，并能防止外界感应电流的影响。

复合电极：由玻璃指示电极和Ag/AgCl或Hg/Hg_2Cl_2参比电极组装而成。

组织捣碎机、均质机、磁力搅拌器。

4.测定方法与步骤

（1）均质化试样制备　使用组织捣碎机将试样捣碎。注意避免试样的温度超过25℃。将处理好的试样装入密封的容器里，防止变质和成分变化。试样应尽快进行分析，最迟不超过24h。

（2）pH计校正　用两个已知精确pH的缓冲溶液（尽可能接近待测溶液的pH），在测定温度下用磁力搅拌器搅拌的同时校正pH计。若pH计不带温度补偿系统，应保证缓冲溶液的温度在（20±2）℃范围内。

（3）试样测定

① 均质化试样测定

a.在试样中加入10倍于待测试样质量的氯化钾溶液（$c=0.1mol/L$），用均质机进行均质。过滤，取滤液用pH计测定。

b.取一定量能够浸没电极的试样，将电极插入试样中，将pH计的温度补偿系统调至试样温度。若pH计不带温度补偿系统，应保证待测试样的温度在（20±2）℃范围内。

c.采用适合于所用pH计的步骤进行测定，读数显示稳定以后，直接读数，准确至0.01。

d.测量完毕后，将电极清洗干净，并妥善保存。

② 非均质化试样测定

a.用小刀或大头针在试样上打一个孔，以免复合电极破损。

b.鲜肉通常保存于0～5℃之间，测定时需要用带温度补偿系统的pH计。采用适合于所用pH计的步骤进行测定，读数显示稳定以后，直接读数，准确至0.01。

c.在同一点重复测定。必要时可在试样的不同点重复测定，测定点的数目随试样的性质和大小而定。

d.测量完毕后，将电极清洗干净，并妥善保存。

5.结果表述

同一次制备的均质化试样至少要进行两次测定。非均质化试样必须在同一点重复测定，必要时可在试样的不同点重复测定，描述所有的测定点及各自的pH。

当分析结果符合精密度的要求时，则取两次测定的算数平均值作为结果，准确至0.05。

精密度：在重复性条件下获得的两次独立测定结果的绝对差值不得超过0.1。

6.思考题

（1）pH计在使用和保存时有哪些注意事项？

（2）如何用pH值评价肉的新鲜度？

实验三　挥发性盐基氮测定

一、半微量定氮法

1.实验原理

挥发性盐基氮（TVB-N）是动物性食品由于酶和细菌的作用，在腐败过程中，使蛋白质分解而产生氨以及胺类等碱性含氮物质。挥发性盐基氮具有挥发性，在碱性溶液中被蒸出，利用硼酸溶液吸收后，用标准酸溶液滴定计算挥发性盐基氮含量。

2.实验目的

通过该实验了解肉及肉制品挥发性盐基氮测定的原理，掌握半微量定氮法测定肉与肉制品中挥发性盐基氮的操作步骤。

3.实验试剂与设备

（1）试剂　所用试剂均为分析纯，所用水为蒸馏水或相当纯度的水。

氧化镁、硼酸、三氯乙酸、盐酸或硫酸、甲基红指示剂、溴甲酚绿指示剂或亚甲蓝指示剂、95%乙醇。

（2）试剂配制

① 氧化镁混悬液（10g/L）　称取10g氧化镁，加1000mL水，振摇成混悬液。

② 硼酸溶液（20g/L）　称取20g硼酸，加水溶解，用水定容至1000mL。

③ 三氯乙酸溶液（20g/L）　称取20g三氯乙酸，加水溶解，用水定容至1000mL。

④ 盐酸标准滴定溶液（0.01mol/L）或硫酸标准滴定溶液（0.01mol/L）　按

照GB/T 601制备盐酸标准滴定溶液（0.1mol/L）或硫酸标准滴定溶液（0.1mol/L），临用前稀释。

⑤ 甲基红乙醇溶液（1g/L）　称取0.1g甲基红，溶于95%乙醇，用95%乙醇定容至100mL。

⑥ 溴甲酚绿乙醇溶液（1g/L）　称取0.1g溴甲酚绿，溶于95%乙醇，用95%乙醇定容至100mL。

⑦ 亚甲蓝乙醇溶液（1g/L）　称取0.1g亚甲蓝，溶于95%乙醇，用95%乙醇定容至100mL。

⑧ 混合指示液　1份甲基红乙醇溶液与5份溴甲酚绿乙醇溶液临用时混合，也可用2份甲基红乙醇溶液与1份亚甲蓝乙醇溶液临用时混合。

（3）仪器设备　分析天平：精度0.0001g。组织捣碎机。

具塞锥形瓶：300mL。

半微量定氮装置：如图4所示。

吸量管：10.0mL、25.0mL、50.0mL。

微量滴定管：10mL，最小分度0.01mL。

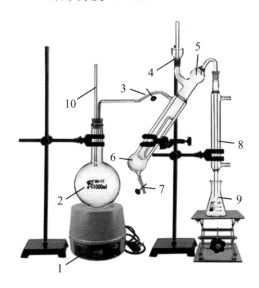

图 4　半微量定氮装置

1—电炉；2—水蒸气发生器（2L烧瓶）；3—螺旋夹；4—小玻杯及棒状玻塞；

5—反应室；6—反应室外层；7—橡皮管及螺旋夹；

8—冷凝管；9—蒸馏液接收瓶；10—安全玻璃管

4.测定方法与步骤

（1）制样 鲜（冻）肉去除皮、脂肪、骨、筋腱，取瘦肉部分，绞碎搅匀。鲜（冻）样品称取试样20g，精确至0.001g，置于具塞锥形瓶中，准确加入100mL水，不时振摇，试样在样液中分散均匀，浸渍30min后过滤。滤液应及时使用，不能及时使用的滤液置冰箱内0～4℃冷藏备用。

（2）测定 向接收瓶内加入10mL硼酸溶液，5滴混合指示液，并使冷凝管下端插入液面下，准确吸取10mL滤液，由小玻杯注入反应室，以10mL水洗涤小玻杯并使之流入反应室内，随后塞紧棒状玻塞。再向反应室内注入5mL氧化镁混悬液，立即将玻塞盖紧，并加水于小玻杯以防漏气。夹紧螺旋夹，开始蒸馏。蒸馏5min后移动蒸馏液接收瓶，液面离开冷凝管下端，再蒸馏1min。然后用少量水冲洗冷凝管下端外部，取下蒸馏液接收瓶。以盐酸或硫酸标准滴定溶液（0.0100mol/L）滴定至终点。使用1份甲基红乙醇溶液与5份溴甲酚绿乙醇溶液混合指示液，终点颜色至紫红色。使用2份甲基红乙醇溶液与1份亚甲蓝乙醇溶液混合指示液，终点颜色至蓝紫色。同时做试剂空白试验。

5.结果表述

$$X = \frac{(V_1 - V_2) \times c \times 14}{m \times \dfrac{V}{V_0}} \times 100$$

式中 X——试样中挥发性盐基氮的含量，mg/100g 或 mg/100mL；

V_1——试液消耗盐酸或硫酸标准滴定溶液的体积，mL；

V_2——试剂空白消耗盐酸或硫酸标准滴定溶液的体积，mL；

c——盐酸或硫酸标准滴定溶液的浓度，mol/L；

14——滴定 1.0mL 盐酸 [$c(HCl)=1.000mol/L$] 或硫酸 [$c(1/2H_2SO_4)=1.000mol/L$] 标准滴定溶液相当的氮的质量，g/mol；

m——试样质量，单位为克（g），或试样体积，mL；

V——准确吸取的滤液体积，mL，本方法中 $V=10$；

V_0——液样总体积，mL，本方法中 $V_0=100$；

100——计算结果换算为毫克每百克（mg/100g）或毫克每百毫升（mg/100mL）的换算系数。

当分析结果符合精密度的要求时，以重复性条件下获得的两次独立测定结果的算术平均值表示，结果保留三位有效数字。

精密度：在重复性条件下获得的两次独立测定结果的绝对差值不得超过算术平均值的10%。

6.思考题

（1）用半微量定氮法测定肉与肉制品中的挥发性盐基氮时有哪些注意事项？

（2）半微量定氮法测定肉与肉制品中的挥发性盐基氮有哪些不足？

二、微量扩散法

1.实验原理

挥发性盐基氮可在37℃碱性溶液中释出，挥发后吸收于硼酸吸收液中，用标准酸溶液滴定，计算挥发性盐基氮含量。

2.实验目的

通过该实验了解肉及肉制品挥发性盐基氮测定的原理，掌握微量扩散法测定肉与肉制品中挥发性盐基氮的操作步骤。

3.实验试剂与设备

（1）试剂　所用试剂均为分析纯，所用水为GB/T 6682规定的三级水。

硼酸、盐酸或硫酸、碳酸钾、阿拉伯胶、甘油、甲基红指示剂、溴甲酚绿指示剂或亚甲蓝指示剂、95%乙醇。

（2）试剂配制

① 硼酸溶液（20g/L）　称取20g硼酸，加水溶解，用水定容至1000mL。

② 盐酸标准滴定溶液（0.01mol/L）或硫酸标准滴定溶液（0.01mol/L）　按照GB/T 601制备盐酸标准滴定溶液（0.1mol/L）或硫酸标准滴定溶液（0.1mol/L），临用前稀释。

③ 饱和碳酸钾溶液　称取50g碳酸钾，加50mL水，微加热助溶，使用上清液。

④ 水溶性胶　称取10g阿拉伯胶，加10mL水，再加5mL甘油及5g碳酸钾，研磨均匀。

⑤ 甲基红乙醇溶液（1g/L） 称取0.1g甲基红，溶于95%乙醇，用95%乙醇定容至100mL。

⑥ 溴甲酚绿乙醇溶液（1g/L） 称取0.1g溴甲酚绿，溶于95%乙醇，用95%乙醇定容至100mL。

⑦ 亚甲蓝乙醇溶液（1g/L） 称取0.1g亚甲蓝，溶于95%乙醇，用95%乙醇定容至100mL。

⑧ 混合指示液 1份甲基红乙醇溶液与5份溴甲酚绿乙醇溶液临用时混合，也可用2份甲基红乙醇溶液与1份亚甲蓝乙醇溶液临用时混合。

（3）仪器设备 分析天平：精度0.0001g。组织捣碎机。

具塞锥形瓶：300mL。

吸量管：1.0mL、10.0mL、25.0mL、50.0mL。

扩散皿（标准型）：玻璃质，有内外室，带磨砂玻璃盖。

恒温箱：（37±1）℃。

微量滴定管：10mL，最小分度0.01mL。

4.测定方法与步骤

（1）制样 鲜（冻）肉去除皮、脂肪、骨、筋腱，取瘦肉部分，绞碎搅匀。鲜（冻）样品称取试样20g，精确至0.001g，置于具塞锥形瓶中，准确加入100mL水，不时振摇，试样在样液中分散均匀，浸渍30min后过滤。滤液应及时使用，不能及时使用的滤液置冰箱内0～4℃冷藏备用。

（2）测定 将水溶性胶涂于扩散皿的边缘，在皿中央内室加入硼酸溶液1mL及1滴混合指示剂。在皿外室准确加入滤液1.0mL，盖上磨砂玻璃盖，磨砂玻璃盖的凹口开口处与扩散皿边缘仅留能插入移液器枪头或滴管的缝隙，透过磨砂玻璃盖观察水溶性胶密封是否严密，如有密封不严处，需重新涂抹水溶性胶。然后从缝隙处快速加入1mL饱和碳酸钾溶液，立刻平推磨砂玻璃盖，将扩散皿盖严密，于桌子上以圆周运动方式轻轻转动，使样液和饱和碳酸钾溶液充分混合，然后于（37±1）℃温箱内放置2h，放凉至室温，揭去盖，用盐酸或硫酸标准滴定溶液（0.01mol/L）滴定至终点。使用1份甲基红乙醇溶液与5份溴甲酚绿乙醇溶液混合指示液，终点颜色至紫红色。使用2份甲基红乙醇溶液与1份亚甲蓝乙醇溶液混合指示液，终点颜色至蓝紫色。同时做试剂空白。

5.结果表述

$$X = \frac{(V_1 - V_2) \times c \times 14}{m \times \dfrac{V}{V_0}} \times 100$$

式中　X——试样中挥发性盐基氮的含量，mg/100g 或 mg/100mL；

V_1——试液消耗盐酸或硫酸标准滴定溶液的体积，mL；

V_2——试剂空白消耗盐酸或硫酸标准滴定溶液的体积，mL；

c——盐酸或硫酸标准滴定溶液的浓度，mol/L；

14——滴定 1.0mL 盐酸 [$c(HCl)=1.000mol/L$] 或硫酸 [$c(1/2H_2SO_4)=1.000mol/L$] 标准滴定溶液相当的氮的质量，g/mol；

m——试样质量或体积，g 或 mL；

V——准确吸取的滤液体积，mL，本方法中 $V=1$；

V_0——液样总体积，mL，本方法中 $V_0=100$；

100——计算结果换算为毫克每百克（mg/100g）或毫克每百毫升（mg/100mL）的换算系数。

当分析结果符合精密度的要求时，以重复性条件下获得的两次独立测定结果的算术平均值表示，结果保留三位有效数字。

精密度：在重复性条件下获得的两次独立测定结果的绝对差值不得超过算术平均值的10%。

6.思考题

（1）用微量扩散法测定肉与肉制品中的挥发性盐基氮时有哪些注意事项？

（2）微量扩散法测定肉与肉制品中的挥发性盐基氮有哪些不足？

三、自动凯氏定氮仪法

1.实验原理

自动凯氏定氮仪是根据经典凯氏定氮原理设计的一套自动智能测检测仪器。在碱性环境中测定挥发性盐基氮，蒸馏，硼酸接收，使用标准盐酸滴定，计算挥发性盐基氮含量。

2.实验目的

掌握自动凯氏定氮仪法的使用方法，掌握利用自动凯氏定氮仪测定肉与肉制品中挥发性盐基氮的操作步骤。

3.实验试剂与设备

（1）试剂 所用试剂均为分析纯，所用水为蒸馏水或相当纯度的水。

氧化镁、硼酸、盐酸或硫酸、甲基红指示剂、溴甲酚绿指示剂、95%乙醇。

（2）试剂配制

① 硼酸溶液（20g/L） 称取20g硼酸，加水溶解，用水定容至1000mL。

② 盐酸标准滴定溶液（0.1mol/L）或硫酸标准滴定溶液（0.1mol/L） 按照GB/T 601制备。

③ 甲基红乙醇溶液（1g/L） 称取0.1g甲基红，溶于95%乙醇，用95%乙醇定容至100mL。

④ 溴甲酚绿乙醇溶液（1g/L） 称取0.1g溴甲酚绿，溶于95%乙醇，用95%乙醇定容至100mL。

⑤ 混合指示液 1份甲基红乙醇溶液与5份溴甲酚绿乙醇溶液临用时混合。

（3）仪器设备

自动定氮仪（图5）、分析天平（精度0.0001g）、组织捣碎机、蒸馏管（500mL或750mL）、吸量管（10.0mL）。

图5 KDN-103A 自动定氮仪

4.测定方法与步骤

（1）仪器设定

① 标准溶液使用盐酸标准滴定溶液（0.1mol/L）或硫酸标准滴定溶液（0.1mol/L）。

② 带自动添加试剂、自动排废功能的自动定氮仪，关闭自动排废、自动加碱和自动加水功能，设定加碱、加水体积为0mL。

③ 硼酸接收液加入设定为30mL。

④ 蒸馏设定　设定蒸馏时间180s或蒸馏体积200mL，以先到者为准。

⑤ 滴定终点设定　采用自动电位滴定方式判断终点的定氮仪，设定滴定终点pH=4.65。采用颜色方式判断终点的定氮仪，使用混合指示液，30mL的硼酸接收液滴加10滴混合指示液。

（2）制样　鲜（冻）肉去除皮、脂肪、骨、筋腱，取瘦肉部分，绞碎搅匀。鲜（冻）样品称取试样10g，精确至0.001g，于蒸馏管中，加入75mL水，振摇，试样在样液中分散均匀，浸渍30min。

（3）测定

① 开机前检查碱液、蒸馏水是否充足，保证满足工作条件。按照仪器操作说明书的要求运行仪器，通过清洗、试运行，使仪器进入正常测试运行状态，首先进行试剂空白测定，取得空白值。

② 在装有已处理试样的蒸馏管中加入1g氧化镁，立刻连接到蒸馏器上，按照仪器设定的条件和仪器操作说明书的要求开始测定。

③ 测定完毕及时清洗和疏通加液管路和蒸馏系统。具体操作为：放上装有蒸馏水的消化管，蒸馏5min，将蒸汽管内的残余碱液排出，防止结晶堵塞。

5.结果表述

$$X = \frac{(V_1 - V_2) \times c \times 14}{m} \times 100$$

式中　X——试样中挥发性盐基氮的含量，mg/100g或mg/100mL；

　　　V_1——试液消耗盐酸或硫酸标准滴定溶液的体积，mL；

　　　V_2——试剂空白消耗盐酸或硫酸标准滴定溶液的体积，mL；

　　　c——盐酸或硫酸标准滴定溶液的浓度，mol/L；

14——滴定1.0mL盐酸[$c(HCl)$=1.000mol/L]或硫酸[$c(1/2H_2SO_4)$=1.000mol/L]
　　　标准滴定溶液相当的氮的质量，g/mol；

m——试样质量或体积，g或mL；

100——计算结果换算为毫克每百克（mg/100g）或毫克每百毫升（mg/100mL）
　　　的换算系数。

当分析结果符合精密度的要求时，以重复性条件下获得的两次独立测定结果的算术平均值表示，结果保留三位有效数字。

精密度：在重复性条件下获得的两次独立测定结果的绝对差值不得超过算术平均值的10%。

6.思考题

（1）自动凯氏定氮仪使用时有哪些注意事项？

（2）自动凯氏定氮仪法测定挥发性盐基氮相较于半微量定氮法和微量扩散法有什么优势？

实验四　脂质氧化的测定

一、过氧化值法

1.实验原理

脂肪氧化的初级产物是氢过氧化物（ROOH），因此通过测定脂肪中氢过氧化物的量，可以评价脂肪的氧化程度。过氧化值（POV）越高，脂质的氧化程度越高。碘量法测定过氧化值是在酸性条件下，脂肪中的过氧化物与碘化钾反应生成碘，用硫代硫酸钠标准溶液滴定析出的碘。用1kg样品中活性氧的毫摩尔数表示过氧化值的量。

2.实验目的

通过该实验了解过氧化值法测定脂质氧化的原理，掌握过氧化值法测定脂质氧化的步骤。

3.实验试剂与设备

（1）试剂　所用试剂均为分析纯，所用水为蒸馏水或相当纯度的水。

冰乙酸、三氯甲烷、碘化钾、硫代硫酸钠（$Na_2S_2O_3 \cdot 5H_2O$）、石油醚（沸程为 30～60℃）、无水硫酸钠、重铬酸钾（工作基准试剂）、可溶性淀粉。

（2）试剂配制

① 三氯甲烷-冰乙酸混合液（体积比 40：60）　量取 40mL 三氯甲烷，加 60mL 冰乙酸，混匀。

② 碘化钾饱和溶液　称取 20g 碘化钾，加入 10mL 新煮沸冷却的水，摇匀后贮于棕色瓶中，存放于避光处备用。要确保溶液中有饱和碘化钾结晶存在。

③ 硫代硫酸钠标准溶液（$c=0.1mol/L$）　称取 26g 硫代硫酸钠（$Na_2S_2O_3 \cdot 5H_2O$），加 0.2g 无水碳酸钠，溶于 1000mL 水中，缓缓煮沸 10min，冷却。放置两周后过滤、标定。$c=0.01mol/L$ 和 $c=0.002mol/L$ 的硫代硫酸钠标准溶液由 $c=0.1mol/L$ 硫代硫酸钠标准溶液以新煮沸冷却的水稀释而成。临用前配制。

④ 石油醚的处理　取 100mL 石油醚于蒸馏瓶中，在低于 40℃ 的水浴中，用旋转蒸发仪减压蒸干。用 30mL 三氯甲烷-冰乙酸混合液分次洗涤蒸馏瓶，合并洗涤液于 250mL 碘量瓶中。准确加入 1.00mL 饱和碘化钾溶液，塞紧瓶盖，并轻轻振摇 0.5min，在暗处放置 3min，加 1.0mL 淀粉指示剂后混匀，若无蓝色出现，此石油醚用于试样制备；如加 1.0mL 淀粉指示剂混匀后有蓝色出现，则需更换试剂。

⑤ 1% 淀粉指示剂　称取 0.5g 可溶性淀粉，加少量水调成糊状。边搅拌边倒入 50mL 沸水，再煮沸搅匀后，放冷备用。临用前配制。

（3）仪器设备

碘量瓶：250mL。

滴定管：10mL，最小刻度为 0.05mL。

滴定管：25mL 或 50mL，最小刻度为 0.1mL。

分析天平：精度 0.0001g。

电热恒温干燥箱、旋转蒸发仪、组织捣碎机。

4. 测定方法与步骤

（1）制样　从所取全部样品中取出有代表性样品的可食部分，将其破碎并充分混匀后置于广口瓶中，加入 2～3 倍样品体积的石油醚，摇匀，充分混合后静置浸提 12h 以上，经装有无水硫酸钠的漏斗过滤，取滤液，在低于 40℃ 的水浴中，用旋转蒸发仪减压蒸干石油醚，残留物即为待测试样。

（2）测定 应避免在阳光直射下进行试样测定。称取试样2～3g（精确至0.001g），置于250mL碘量瓶中，加入30mL三氯甲烷-冰乙酸混合液，轻轻振摇使试样完全溶解。准确加入1.00mL饱和碘化钾溶液，塞紧瓶盖，并轻轻振摇0.5min，在暗处放置3min。取出加100mL水，摇匀后立即用硫代硫酸钠标准溶液（POV≤0.15g/100g时，用c=0.002mol/L标准溶液；POV≥0.15g/100g时，用c=0.01mol/L标准溶液）滴定析出的碘，滴定至淡黄色时，加1mL淀粉指示剂，继续滴定并强烈振摇至溶液蓝色消失为终点。同时进行空白试验。空白试验所消耗0.01mol/L硫代硫酸钠溶液体积V_0不得超过0.1mL。

5.结果表述

$$X = \frac{(V - V_0)c}{2m} \times 1000$$

式中　X——过氧化值，mmol/kg；

V——试样消耗的硫代硫酸钠标准溶液体积，mL；

V_0——空白试验消耗的硫代硫酸钠标准溶液体积，mL；

c——硫代硫酸钠标准溶液的浓度，mol/L；

m——试样质量，g；

1000——换算系数。

当分析结果符合精密度的要求时，以重复性条件下获得的两次独立测定结果的算术平均值表示，结果保留两位有效数字。

精密度：在重复性条件下获得的两次独立测定结果的绝对差值不得超过算术平均值的10%。

6.思考题

（1）用过氧化值法测定脂质氧化的误差来源有哪些？

（2）用过氧化值法测定脂质氧化有哪些缺点？

二、硫代巴比妥酸反应物法

1.实验原理

醛、酮、酸等小分子化合物是脂肪氧化酸败的最终产物，其中以丙二醛为代表的降解产物在经三氯乙酸溶液提取后，与硫代巴比妥酸（TBA）作用生成粉红色化合物，测定其在532nm波长处的吸光度值，以硫代巴比妥酸反应物值（TBARS值）来衡量油脂的氧化程度。

2.实验目的

了解脂质氧化的过程，掌握硫代巴比妥酸反应物法测定脂质氧化程度的原理和操作步骤。

3.实验试剂与设备

（1）试剂　所用试剂均为分析纯，所用水为蒸馏水或相当纯度的水。

硫代巴比妥酸（TBA）、三氯乙酸（TCA）、浓盐酸、三氯甲烷、氢氧化钠。

（2）试剂配制

① 1% TBA溶液　称取2.5g TBA和0.75g NaOH，加水溶解，用水定容至250mL。

② 0.6mol/L HCl溶液　量取1mL浓盐酸，加入到19mL水中，混匀。

③ 2.5% TCA-HCl溶液　称取12.5g TCA，加入3mL 0.6mol/L HCl溶液，用水定容至500mL。

（3）仪器设备　紫外分光光度计、天平（精度0.01g）、组织捣碎机、离心机（搭配50mL离心管）、涡旋机、水浴锅。

4.测定方法与步骤

（1）制样　至少取有代表性的试样200g，于组织捣碎机中至少绞两次使其均质化并混匀。称取绞碎的样品2.00g（精确到0.01g），置于50mL离心管中，加入3mL 1% TBA和17mL 2.5% TCA-HCl，涡旋混匀后，沸水浴加热30min，取出并迅速冷却至室温。

（2）测定

① 4mL蒸馏水与4mL三氯甲烷混匀，3000r/min离心10min，取上清液进行调零。

② 吸取4mL冷却后的上清液，加入4mL三氯甲烷摇匀后，3000r/min离心10min，取上清液，于532nm处测吸光值。

5.结果表述

$$\text{TBARS值} = \frac{\text{OD}_{532}}{m} \times 9.48$$

式中　TBARS值——硫代巴比妥酸反应物值，mg/kg；

OD$_{532}$——样品在波长为532nm的吸光度；

m——样品质量，g；

9.48——换算系数。

当分析结果符合精密度的要求时，以重复性条件下获得的两次独立测定结果的算术平均值表示，结果保留两位有效数字。

精密度：在重复性条件下获得的两次独立测定结果的绝对差值不得超过算术平均值的10%。

6.思考题

（1）硫代巴比妥酸反应物法测定脂质氧化程度中三氯甲烷的作用是什么？

（2）硫代巴比妥酸反应物法测定脂质氧化程度过程中为什么要进行加热处理？

实验五　菌落总数的测定

1.实验原理

食品检样经过处理，在一定条件下（如培养基、培养温度和培养时间等）培养后，所得每克或每毫升检样中形成的微生物菌落总数。

2.实验目的

通过该实验了解食品中菌落总数的测定方法和操作步骤。

3.实验试剂与设备

（1）培养基和试剂

所用试剂均为分析纯，所用水为蒸馏水或相当纯度的水。

胰蛋白胨、酵母浸膏、葡萄糖、琼脂、磷酸二氢钾、氢氧化钠、氯化钠。

（2）试剂配制

① 平板计数琼脂培养基（PCA培养基） 称取胰蛋白胨5.0g、酵母浸膏2.5g、葡萄糖1.0g、琼脂15.0g，加入到1000mL蒸馏水中，煮沸溶解，调节pH至7.0±0.2。分装于试管或锥形瓶中，121℃高压灭菌15min。

② 磷酸盐缓冲液

a.贮存液 称取34.0g的磷酸二氢钾溶于500mL蒸馏水中，用大约175mL的1mol/L氢氧化钠溶液调节pH至7.2，用蒸馏水稀释至1000mL后贮存于冰箱。

b.稀释液 取贮存液1.25mL，用蒸馏水稀释至1000mL，分装于适宜容器中，121℃高压灭菌15min。

③ 无菌生理盐水 称取8.5g氯化钠溶于1000mL蒸馏水中，121℃高压灭菌15min。

（3）仪器设备

除微生物实验室常规灭菌及培养设备外，其他设备和材料如下。

恒温培养箱：（36±1）℃，（30±1）℃。

冰箱：2～5℃。

恒温水浴箱：（46±1）℃。

天平：精度为0.1g。

无菌吸管：1mL（具0.01mL刻度）、10mL（具0.1mL刻度）或微量移液器及吸头。

无菌锥形瓶：容量250mL、500mL。

无菌培养皿：直径90mm。

均质器、振荡器、pH计、放大镜或菌落计数器。

4.检验程序

（1）样品的稀释

① 固体和半固体样品 称取25g样品置盛有225mL磷酸盐缓冲液或生理盐水的无菌均质杯内，8000～10000r/min均质1～2min，或放入盛有225mL稀释液的无菌均质袋中，用拍击式均质器拍打1～2min，制成1∶10的样品匀液。

② 液体样品 以无菌吸管吸取25mL样品置盛有225mL磷酸盐缓冲液或生理盐水的无菌锥形瓶（瓶内预置适当数量的无菌玻璃珠）中，充分混匀，制成

1：10的样品匀液。

③ 用1mL无菌吸管或微量移液器吸取1：10样品匀液1mL，沿管壁缓慢注于盛有9mL稀释液的无菌试管中（注意吸管或吸头尖端不要触及稀释液面），振摇试管或换用1支无菌吸管反复吹打使其混合均匀，制成1：100的样品匀液。继续制备10倍系列稀释样品匀液。每递增稀释一次，换用1次1mL无菌吸管或吸头。

④ 根据对样品污染状况的估计，选择2～3个适宜稀释度的样品匀液（液体样品可包括原液），在进行10倍递增稀释时，吸取1mL样品匀液于无菌平皿内，每个稀释度做两个平皿。同时，分别吸取1mL空白稀释液加入两个无菌平皿内作空白对照。

⑤ 及时将15～20mL冷却至46℃的平板计数琼脂培养基（可放置于46℃±1℃恒温水浴箱中保温）倾注平皿，并转动平皿使其混合均匀。

（2）培养　待琼脂凝固后，将平板翻转，（36±1）℃培养（48±2）h。水产品（30±1）℃培养（72±3）h。如果样品中可能含有在琼脂培养基表面弥漫生长的菌落时，可在凝固后的琼脂表面覆盖一薄层琼脂培养基（约4mL），凝固后翻转平板，按上述条件进行培养。

（3）菌落计数　可用肉眼观察，必要时用放大镜或菌落计数器，记录稀释倍数和相应的菌落数量。菌落计数以菌落形成单位（CFU）表示。选取菌落数在30～300CFU之间、无蔓延菌落生长的平板计数菌落总数。低于30CFU的平板记录具体菌落数，大于300CFU的可记录为多不可计。每个稀释度的菌落数应采用两个平板的平均数。其中一个平板有较大片状菌落生长时，则不宜采用，而应以无片状菌落生长的平板作为该稀释度的菌落数；若片状菌落不到平板的一半，而其余一半中菌落分布又很均匀，即可计算半个平板后乘以2，代表一个平板菌落数。当平板上出现菌落间无明显界线的链状生长时，则将每条单链作为一个菌落计数。

5.结果表述

（1）若只有一个稀释度平板上的菌落数在适宜计数范围内，计算两个平板菌落数的平均值，再将平均值乘以相应稀释倍数，作为每克（毫升）样品中菌落总数结果。

（2）若有两个连续稀释度的平板菌落数在适宜计数范围内时：

$$N = \frac{\sum C}{(n_1 + 0.1n_2)d}$$

式中　　N——样品中菌落数；

　　　　$\sum C$——平板（含适宜范围菌落数的平板）菌落数之和；

　　　　n_1——第一稀释度（低稀释倍数）平板个数；

　　　　n_2——第二稀释度（高稀释倍数）平板个数；

　　　　d——稀释因子（第一稀释度）。

（3）若所有稀释度的平板上菌落数均大于300CFU，则对稀释度最高的平板进行计数，其他平板可记录为多不可计，结果按平均菌落数乘以最高稀释倍数计算。

（4）若所有稀释度的平板菌落数均小于30CFU，则应按稀释度最低的平均菌落数乘以稀释倍数计算。

（5）若所有稀释度（包括液体样品原液）平板均无菌落生长，则以小于1乘以最低稀释倍数计算。

（6）若所有稀释度的平板菌落数均不在30～300CFU之间，其中一部分小于30CFU或大于300CFU时，则以最接近30CFU或300CFU的平均菌落数乘以稀释倍数计算。

（7）菌落数小于100CFU时，按"四舍五入"原则修约，以整数报告。菌落数大于或等于100CFU时，第3位数字采用"四舍五入"原则进行修约后，取前2位数字，后面用"0"代替位数；也可用10的指数形式来表示，按"四舍五入"原则修约后，采用两位有效数字。若所有平板上为蔓延菌落而无法计数，则报告菌落蔓延。若空白对照上有菌落生长，则此次检测结果无效。称重取样以CFU/g为单位报告，体积取样以CFU/mL为单位报告。

6.思考题

（1）菌落总数检验的操作过程中有哪些注意事项？

（2）测定食品中菌落总数有什么实际意义？

第三节　食用品质测定

实验一　保水性的测定

一、压力法

1. 实验原理

肉的保水性即持水性、系水力，是指当肌肉受到外力作用时（例如加压、切碎、加热、冷冻、融冻、加工等），保持其原有水分与添加的水分的能力。肉的保水性的实质是肉蛋白形成网状结构，单位空间以物理状态所捕获的水分的反映。测定保水性使用最广泛的方法是压力法，即施加一定的重量或压力以测定被压出的水量与肉重之比，或按压出水湿面积与肉样面积之比。我国现行应用的系水力测定方法，是用35kg重量压力法度量肉样的失水率。失水力愈高，系水力愈低，反之则相反。

2. 实验目的

通过该实验了解肉及肉制品中保水性测定的原理，掌握压力法测定保水性的方法和步骤。

3. 实验设备

钢环允许膨胀压力计，取样器，分析天平，纱布，滤纸，书写用硬质塑料板。

4. 测定方法与步骤

（1）取样　第1～2腰椎处背最长肌，切取1.0cm厚的薄片，再用直径2.523cm的圆形取样器（圆面积为5.0cm^2）切取中心部肉样。

（2）称重及加压　将切取的肉样用分析天平称重，然后将肉样置于两层纱布间，上、下各垫18层滤纸（中性滤纸）。滤纸外各垫一块书写用硬质塑料板。然后放置于改装的钢环允许膨胀压力计上，匀速摇动摇把加压至35kg，并在35kg下保持5min，撤出压力后立即称量肉样重。

5.结果计算

$$X = \frac{m_1 - m_2}{m_1} \times 100\%$$

式中　X——失水率；

m_2——压后肉样重，g；

m_1——压前肉样重，g。

当分析结果符合允许差的要求时，则取两次测定的算术平均值作为结果，精确至0.1%。

允许差：由同一分析者同时或相继进行的两次测定结果之差不得超过0.5%。

以上所述测定保水力方法属于物理学方法，此外还有滴水损失法和离心法。

二、汁液损失测定

1.实验原理

在不施加任何外力的标准条件下，保存肉样一定时间（24h或48h），以测定肉样的汁液损失，这是一种操作简便、测值可靠和适于在现场应用的方法。

2.实验目的

通过该实验了解肉及肉制品中保水性测定的原理，掌握利用汁液损失来测定肉制品保水能力的方法。

3.实验设备

冰箱、天平、聚乙烯薄膜食品袋。

4.测定方法与步骤

（1）取样　取第3~6腰椎处背最长肌，将试样修整为5cm×3cm×2.5cm的肉片。

（2）测定时间　猪被屠宰后2h剥离背最长肌，切取试样并称重，在冰箱4℃条件下，保存24h。

（3）测定方法　将修整好的试样称重，放置于充气的食品袋中。用细铁丝钩住肉样一端，保持肉样垂直向下，不接触食品袋，扎紧袋口，悬吊于冰箱冷藏层，保存24h，取出肉样，用洁净滤纸轻轻拭去肉样表层汁液后称重。

5.结果计算

$$X = \frac{m_3 - m_4}{m_3} \times 100\%$$

式中　　X——滴水损失率；

　　　　m_4——滴水后肉样重，g；

　　　　m_3——滴水前肉样重，g。

当分析结果符合允许差的要求时，则取两次测定的算术平均值作为结果，精确至0.1%。

允许差：由同一分析者同时或连续进行的两次测定结果之差不得超过0.5%。

6.结果分析

滴水损失与肌肉保水力呈负相关，即滴水损失愈大，则肌肉保水力愈差，滴水损失愈少，则肌肉保水力愈好。测定结果可按同期对比排序法评定优劣。一般情况下，滴水损失不超过3%，可作为参考值。

三、离心损失测定

1.实验原理

利用离心机的转动使肉糜制品的水分在低速离心下不断甩出，通过称量原肉样的重量与离心后肉样的重量，以测定样品的离心损失，反映样品的保水能力。

2.实验目的

通过该实验了解肉及肉制品中保水性测定的原理，掌握利用离心损失来测定肉制品保水能力的方法。

3.实验设备

离心机、组织捣碎机。

4.测定方法与步骤

（1）取样　用组织捣碎机将样品绞碎，呈肉糜状。

（2）测定方法　将离心管称重记录，肉糜装入50mL离心管中，配平称重，然后将相同重量的离心管对称放入离心机中，以3500r/min离心10min，倒出水分，再次称重。

5.结果计算

$$X = \frac{m_6 - m_5}{m_7 - m_5} \times 100\%$$

式中　X——离心损失率；

　　m_5——离心管重，g；

　　m_6——离心后肉样重，g；

　　m_7——离心前肉样重，g。

当分析结果符合允许差的要求时，则取两次测定的算术平均值作为结果，精确至0.1%。

允许差：由同一分析者同时或相继进行的两次测定结果之差不得超过0.5%。

6.思考题

（1）如何提高肉制品的保水性，有哪些方法？

（2）压力法测定肉制品保水性时有哪些注意事项？

（3）根据什么选择测定保水性的方法？

实验二　颜色的测定

一、比色板法

1.实验原理

属主观评定法。用标准肉色谱比色板与肉样对照，对肉样评分。目前，国际上有美制、日制、澳大利亚制、加拿大制等不同色谱标准板，其中美制为通用。

2.实验目的

通过该实验了解利用标准肉色谱比色板测定肉制品颜色的原理及步骤。

3.实验设备

（1）美制 NPPC 比色板（1991版） 上有5个眼肌横切面的肉色分值级别，从浅到深排列，用于肉色定量评估。1分=灰白色（异常肉色），2分=轻度灰白（倾向异常肉色），3分=正常鲜红色，4分=稍深红色（属于正常肉色），5分=暗紫色（异常肉色）。

（2）美制 NPPC 比色板（1994版） 该板用于目测半膜肌、半腱肌肉色定性评估，适用于生产流水线使用。该板上有 PSE（苍白松软脱水肉）、RSE（红色松软脱水肉）、RFN（红色坚挺不脱水肉——理想肉）、DFD（暗紫坚硬干燥肉）四个标准腿肌肉色样板，供检验员将猪肉对号入座分档归类。

4.测定方法与步骤

（1）取样 通常为眼肌中段，如测定全胴体肉色则需加测腰大肌、臀中肌、半膜肌和半腱肌四项。

不同处理时间的肉样有3种：① 宰后1～2h肌肉样本；②宰后24h眼肌中段（0～4℃保存）样本；③宰后充分熟化的肉样。上述三种肉样中②为最基本的通用肉样。

待测肉样（即冷却肉），在0～4℃冰箱中保存到宰后24h。将肉样切开，新鲜切面上覆盖透氧薄膜在0～4℃条件下静置1h使表面色素充分氧化，肉样厚度不得少于1.5cm。

（2）测定方法

① 将实验室内光照强度调至750lx以上（用自然漫射光或荧光灯）。

② 用比色板（1991版）对照眼肌样本给出肉色分值。分值的精确度可判断到0.5分。

③ 用比色板（1994版）对照腿肌肉样给出定性评估。

（3）注意事项

① 检测人员要回避了解被测样本的品种和生产厂家背景以免产生感情分值偏差。

② 比色板评分的结果用一般统计方法计算样本平均数和标准差，将劣质肉（5分的 DFD 和1分的 PSE）平均成3分的优质肉。故肉色评分应表达成5个肉色级别的样本分布概率。

二、光学测定法

1.实验原理

利用物理学手段对肉样进行客观的光学度量，对肉面反射的波长和色彩等参数进行定量。较常用的为国际标准照明委员会（CIE）建立的可见光谱的颜色空间标准，即CIE $L*a*b*$色空间，$L*$值表示颜色的亮度值，数值越大表示颜色越亮，数值越小表示颜色越暗；$a*$值表示颜色的红绿值，数值越大表示颜色越红，反之越绿；$b*$值表示颜色的黄蓝值，数值越大颜色越黄，反之越蓝。

2.实验目的

通过该实验了解利用物理学手段如色差计等测定肉制品颜色的原理及步骤。

3.实验设备

色差计（ZE-6000色差计　日本电色公司）：O/D测试头，光源D_{65}，观测器角度$10°$，光照面积$5cm^2$。

组织捣碎机。

4.测定方法与步骤

（1）取样　同比色板法取样，利用组织捣碎机将样品绞碎。

（2）测定方法

① 接通电源，按开电源开关，将仪器预热30min。

② 校正仪器。校正过程如下：把测头对着白色校准板中央后，按下测量键，等发光三次后，确认显示数据是否与盒子中的数据一致，一般指D_{65}光源对应的数据。

③ 测定　将绞碎的样品平铺于色差计平皿中，测量样品的色度值。由于肉面颜色随位置而异，故每次测量需将平皿旋转$60°$重复3次的频率，不断改变位置重复度量。

④ 测量完成关掉电源开关。清洗色差计平皿，并做好清洁工作。

5.结果分析

参数的表示方式为亮度（$L*$）、红度（$a*$）、黄度（$b*$），以上参数对评定肉质有重要参考意义。PSE肉的$L*$值高，而$a*$值低；DFD反之。

6.思考题

（1）肉的色泽变化与哪些因素有关？

（2）如何判定是否为鲜肉或者冷藏肉？

（3）为什么要在测定前将肉样氧化1h？

实验三　风味的测定

一、电子鼻

1.实验原理

电子鼻是一种可模拟人的嗅觉系统对散布于空气中的某些特定分子进行识别的检测仪器。与其他方法不同，电子鼻不是从微观结构上对食品气味组成进行分析，而是分析食品整体的风味特征，具有客观、快速、准确、重复性好的特点。它能够识别食品整体气味特征，依靠预先建立的模型，对食品类型和等级进行评判。

2.实验目的

通过该实验了解电子鼻测定食品风味的原理，并掌握测定的方法和步骤。

3.实验设备

电子鼻（PEN 3型），顶空瓶20mL。

电子鼻工作示意图见图6。

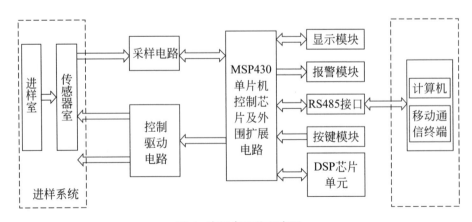

图6　电子鼻工作示意图

电子鼻是模拟生物嗅觉系统，由传感器阵列结合模式识别系统构成。电子鼻系统主要由气敏传感器阵列、信号预处理和模式识别3部分组成。人的嗅觉形成过程是电子鼻工作原理的模拟基础，可以简单地从结构上将传感器阵列、信号预处理、模式识别分别与嗅觉膜、嗅小球、神经中枢相类比，更重要的是在功能上电子鼻系统也具有生物嗅觉系统的特点：对多种气体或气味敏感；通过处理，能够识别所感受到的气体。当待测气体呈现在传感器面前，传感器将化学输入转换成电信号，由多个传感器对某种气体的响应便构成了传感器阵列对该气体的响应谱。气体中的各种化学成分均会与敏感材料发生作用，所以这种响应谱为该气体的广谱响应谱。为实现对气体的定性或定量分析，必须将传感器的信号进行适当的预处理（消除噪声、特征提取、信号放大等）后采用合适的模式识别分析方法对其进行处理。理论上，每种气体都会有它的特征响应谱，根据其特征响应谱可区分不同的气体。同时还可利用气敏传感器构成阵列对多种气体的交叉敏感性进行测量，通过适当的分析方法，实现混合气体分析。

信号预处理相当于嗅觉神经元，它对传感器的阵列响应模式进行滤波、交换，完成特征提取。目前常用的特征提取方法模型有：差分法、相对差分法、对数法、传感器归一化法（Sensor whole）和阵列归一化法（Array whole）等。这些方法既可以处理信号为模式识别过程做好数据准备，也可以利用传感器信号中的瞬态信息检测校正传感器阵列。

模式识别相当于人的大脑，它对输入信号再进行适当的处理，以获得混合气体组分和浓度的信息，完成对气体的定性与定量辨识。所谓定性识别是指对所测量的气体（包括混合气体）的种类做出正确评价。定量分析则除了要对气体种类正确评价外，还需对所测量气体的含量进行评价。目前定性识别常用的算法有：最近邻法（NN）、判别式函数分析法（DFA）、主成分分析法（PCA）、人工神经网络（ANN）、概率神经网络（PNN）、学习向量量化（LVQ）、自组织映射（SOM）、统计模式识别法（SPR）和遗传算法（GA）等。其中PCA和ANN应用最为广泛。定量分析除传统的多元线性回归（MLR）、主成分回归（PCR）、偏最小二乘（PLS）等一些线性回归方法外，目前定量分析效果最好的还是ANN。

PEN3电子鼻传感器和敏感物质见表3。

表3 PEN3电子鼻传感器和敏感物质

编号	传感器	敏感物质
S1	W1C	芳烃物质
S2	W5S	氮氧化合物
S3	W3C	氮类、芳香组分
S4	W6C	氢化物
S5	W5C	芳香烯烃、极性化合物
S6	W1S	烷类化合物
S7	W1W	硫化物
S8	W2S	醇类、醛酮类
S9	W2W	含硫化合物、芳香组分
S10	W3S	长链烷烃

4. 测定方法与步骤

（1）取样 取3.0g碎肉样品于顶空瓶中密封，室温下自然放置1h使其内部挥发性风味物质平衡。

（2）测定方法

① 接通电源，开机，屏幕出现Start Sensor，1min后变成Standby。

② 连接，打开WinMuster软件，Options（设置选项），Search Devices（选择电子鼻型号），PEN3。

③ 设置参数，Options，PEN3，Setting Measurement（设置测试参数），采样时间间隔1s，预采样时间5s，自清洗时间100s，归零时间10s，进样流量300mL/min，样品测定时间90s。

④ 开始测试，Measurement Start，观察栏里的测试进程倒计时，Connect vial倒计时提示为1时，同时将进样针和补气针插入顶空瓶。

⑤ 停止测试，60s后，Remove vial倒计时提示为1时，同时拔出进样针和补气针。

⑥ 保存文件，并在WinMuster软件中进行数据分析。

5. 思考题

（1）什么情况下采用电子鼻测定风味？

（2）电子鼻测定风味时的注意事项有哪些？

二、电子舌

1.实验原理

电子舌是一种由低选择性、非特异性的交互敏感传感器阵列，配以合适的模式识别方式及多元统计方法的定性定量分析的现代化分析检测仪器，采用了同人舌头味觉工作原理相类似的人工脂膜传感器技术，可以客观数字化地评价食品或药品等样品的苦味、涩味、酸味、咸味、鲜味、甜味等基本味觉感官指标，同时还可以分析苦的回味、涩的回味和鲜的回味（丰富度）。

2.实验目的

通过该实验了解电子舌工作的原理，并较熟练地掌握测定的方法步骤，利用电子舌对不同类别进行区分并进行简单的数据处理。

3.实验试剂与设备

（1）试剂 所用水均为蒸馏水或同等纯度的水，试剂为分析纯。

氯化钾、酒石酸、饱和氯化银。

（2）仪器设备 电子舌（SA402B型）、水浴锅、组织捣碎机、离心机。

4.测定方法与步骤

（1）试剂的配制 将248.2g氯化钾溶解于蒸馏水，定容至1L后，加入10.0mg氯化银并搅拌8h，制得内部溶液；将2.2365g氯化钾和0.045g酒石酸溶解于蒸馏水，定容至1L，制得参比液。

（2）样品前处理 利用组织捣碎机将样品绞碎，取25.0g碎肉与125.0mL的去离子水混合，在40℃的条件下水浴30min，得到的混合物用组织捣碎机低速搅拌1min，随后将混合物于4℃、5000r/min的条件下离心10min，取上清液过滤，得到的滤液进行电子舌分析。

（3）测定方法

① 传感器准备。准备好味觉传感器（S）、参比液、内部溶液。

② 传感器活化。使用前需将传感器置于相关溶液中浸泡至少24h，电极采用氯化钾溶液浸泡，味觉传感器采用参比液浸泡。

③ 组装电子舌，安装味觉传感器，放置样品及参比液。

④ 开机，测定前对传感器进行校验30min，校验通过开始测试。

⑤ 开始测试，打开Setup of measurement，在General setting中的Date file中新建文件夹，测量时循环次数为4次，在sample选项界面里选择样品文件，同时设定样品数量。选定方法为默认方法。在sensor选项界面里可以选择传感器进入进出液体，界面底部为传感器矫正，测量，方法选择，选项条。最后点击start，开始测量样品。

5. 数据处理

（1）数据评价方法

① 差分插补　该处理使测量数据中的第一个样本的所有值被校正为"0"，它主要用于评价样品（相对比较）之间的差异。

② 插值　此处理考虑到第一组测量数据的所有值；"原始数据的第一个周期的所有值"的数据被用来校正。它主要是用来了解一个未知的味道的样品所有味道。

③ 数据转换　使用仪器自带软件将传感器的电信息转化为味觉信息。

④ 数据处理　使用主成分分析、相关图表对味觉进行分析。

（2）数据分析步骤

运行Taste analysis application软件，若有多个文件可用link file合并。点击Individual delete选择要删除测定数据（删除第一次测量的数据）。后进行数据修正，文件选择是经过第一次删除的文件，在软件中选择interpolation difference程序，并勾选Apply statistics analyze，Regard sample placed at first place as standard sample，点击OK。此过程会新建两个文件夹，其中PRT文件是相关的统计文件，如平均数、标准偏差。最后进行数据转换，此操作将电子舌测量的传感器信息转换为味觉信息，食品味觉进行量化，使用的是经过了数据处理的文件。在transformation file中选择相应的味觉转换程序，勾选Apply statistics analyze，点击OK，得到转换味觉信息后的数据。可打开Open the file with program "wordpad"进行数据复制保存。

6. 思考题

（1）电子舌与电子鼻测定风味时的区别在哪？

（2）电子舌测定风味时的注意事项有哪些？

（3）参比液的作用是什么？

三、气相色谱-质谱联用仪（GC-MS）

1.实验原理

GC通过将气化的样品进入到色谱柱内进行分离，分离之后的化合物进入MS内进行检测，使试样中各组分在离子源中发生电离，生成不同荷质比的带电荷的离子，经加速电场的作用，形成离子束，进入质量分析器。在质量分析器中，再利用电场和磁场使发生相反的速度色散，将它们分别聚焦而得到质谱图，从而确定其质量。通过集成NIST谱图检索功能，可以方便、准确检索目标分析物。

2.实验目的

通过该实验了解GC-MS工作原理，较熟练地掌握测定的方法和步骤，并进行简单的数据分析。

3.实验试剂与设备

（1）试剂　所用水均为蒸馏水或同等纯度的水，试剂为分析纯。

邻二氯苯（内标物）。

（2）仪器设备　气相色谱-质谱联用仪（GCMS-QP2020），萃取头（50/30μmDVB/CAR/PDMS），水浴锅。

4.测定方法与步骤

（1）样品前处理　取3.0g碎肉和4.0μL邻二氯苯置于顶空瓶中，随即密封，并置于45℃条件下平衡25min。

（2）萃取　采用顶空固相微萃取法（HS-SPME），将平衡后的样品放入45℃水浴锅中，萃取头插入顶空瓶，纤维头处于顶空状态吸附挥发性风味化合物30min后取出，然后将萃取头置于GC-MS进样口在230℃热解析3min。

（3）测定方法

① 开机，打开氮气总阀，将分压表调到0.5 ～ 0.9MPa之间；打开电源，并启动真空系统。

② 检漏调谐，启动真空系统后等待 2 ～ 3h，打开方法文件，下载初始参数，等待"GC：准备就绪"和"MS：准备就绪"；点击"调谐"和"峰监测窗"，选择灯丝，保存调谐文件。

③ 数据采集，创建批处理表，点击"文件"中"新建批处理表"，在批处理表中输入相应的信息参数。必须输入的项目有样品瓶号、样品类型、方法文件、级别号、数据文件、进样体积、调谐文件。完成编辑后保存信息，运行批处理表，执行批处理。

④ 参数设置。GC 条件：使用惰性 TG-Wax MS 极性柱（60 m × 0.25 mm × 0.25 μm）；载气为高纯氦气（纯度 > 99.99%）；流速为 1.0mL/min；采用不分流模式，保持 2min。升温程序：进样口温度为 230℃，柱温起始温度为 40℃，保持 3min，之后以 5℃/min 加热至 200℃，保持 1min，最后以 10℃/min 加热至 230℃，保持 2min。MS 条件：电子能量 70eV，电子源温度 230℃，质量扫描范围设定为 45 ～ 500u；采用全扫描模式。

5. 数据处理

点击再解析图标，单击"标准曲线"，打开对应的方法文件，更新标准曲线，保存方法文件。打开数据文件，单击"标准曲线"，加载前面保存的方法文件，单击"峰积分"对数据进行分析。单击"报告"，选择相应的报告模板，查看结果。

6. 思考题

（1）GC-MS 测定风味时的注意事项？

（2）为什么要将样品放入 45℃水浴锅，目的是什么？

（3）萃取头在 230℃热解析的作用是什么？

实验四　嫩度的测定

1. 主观评定

嫩度的主观评定是依靠人们的咀嚼运动和舌与颊对肌肉的软、硬与嚼碎容易性的综合感觉。人在咀嚼肉食时，牙齿对肉食的作用不外乎剪切、撕裂、切割和磨碎，而肉食对这些动作的反作用力和最终结果（肉食残渣在口腔中的剩余量及其黏着性）要刺激感觉器官的感觉性，通过神经纤维传到大脑，形成综合的感觉判断。然后通过评分方法加以表达和分类。

　　主观评定的优点是比较接近正常食用条件下对嫩度的评定。缺点是完全凭主观感觉，失去客观可比性，做好主观评定的关键是培训人员。

　　评定嫩度可按咀嚼次数（达到正常吞咽程度时），结缔组织的嫩度，对牙、舌、颊的柔软度，剩余残渣等项目进行评分。

　　2.客观评定

　　（1）实验原理　通过用肌肉嫩度仪测定剪切肉样时剪切力的大小，来客观地表示肌肉的嫩度。从力学角度看，剪切是指物料受到两个大小相等，方向相反，但作用线靠得很近的两个力的作用时，其结果使物料受力处的两个截面产生相对错动。当剪切力达到一定程度时，物料被剪断。大量试验表明，剪切力值（shear value）与主观评定法之间的相关系数达0.60～0.85，平均为0.75，这表明该仪器可以对嫩度进行良好估计。

　　（2）实验目的　通过该实验了解肉及肉制品嫩度测定的原理，并掌握利用嫩度仪测定嫩度的方法。

　　（3）实验设备　嫩度仪（RH-N50）、圆形钻孔取样器（直径1.27cm）、水浴锅、便携式测温仪。

　　（4）测定方法与步骤

　　① 取样品，切成6.0cm×3.0cm×3.0cm大小，剔除肉表面的筋、腱、膜及脂肪，置于真空包装袋中。

　　② 置于80℃水浴加热到中心温度70℃（中心温度用便携式测温仪测定），然后室温冷却。

　　③ 放在0～4℃条件下过夜。

　　④ 用直径为1.27cm的空心取样器顺着肌纤维的方向取下肉柱，孔样长度不少于2.5cm，取样位置应距离样品边缘不少于5.0mm，两个取样的边缘间距不少于5.0mm，剔除有明显缺陷的孔样，测定样品数量不少于3个。

　　⑤ 将样品置于仪器的刀槽上，使肌纤维与刀口走向垂直，启动仪器剪切肉样，测得刀具切割这一用力过程中的最大剪切力值（峰值），为孔样剪切力的测定值。重复测定6次以上，同一个肉块上的所有孔样的均值为此肉块的剪切

力值。

（5）结果计算 记录所有的测定数据，取各个孔样剪切力的测定值的平均值扣除空载运行最大剪切力，计算肉样的嫩度值。肉样嫩度的计算公式：

$$X = \frac{X_1 + X_2 + X_3 + \cdots + X_n}{n} - X_0$$

式中 X——肉样的嫩度值，单位N；

$X_1 \cdots X_n$——有效重复孔样的最大剪切力值，单位N；

X_0——空载运行最大剪切力，单位N；

n——有效孔样数量。

记录数据时应仔细填写所取肉样种类，取样部位及检测数据；同一肉样，有效孔样的测定值允许的相对偏差应≤15%。

3.思考题

（1）主观评定时应有哪些注意事项？

（2）采用嫩度仪测定肉制品嫩度时为什么要控制样品一致？

（3）为什么测定时要用水浴锅将样品中心温度加热至70℃？

实验五 质构的测定

1.实验原理

食品质构是与食品的组织结构及状态有关的物理性质（物性）。质构仪，也叫作物性分析仪，是通过模拟人的触觉，分析检测触觉中的物理特征，使用统一的测定方法，对样品的物性概念做出准确的表述，在某种程度上可以反映出食品的感官质量。

2.实验目的

通过该实验了解质构仪工作原理，较熟练地掌握测定的方法步骤，并可以根据测定指标的不同选择合适的探头。

3.实验设备

质构仪（TA-XT plus）。

质构仪模型如图7所示。

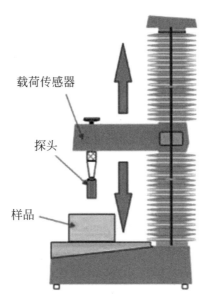

载荷传感器

探头

样品

图7 质构仪模型

质构仪的主机与电脑相连，主机上的机械臂可以随着凹槽上下移动，探头与机械臂相接，与探头相对应的是主机的底座。一般围绕着距离、时间和作用力三者进行测试和结果分析，也就是说，质构仪所反映的主要是与力学特性相关的食品质地特性，其结果具有较高的灵敏性与客观性，并可通过配备的专用软件对结果进行准确的数量化处理，以量化的指标客观全面地评价食品，从而避免人为因素对食品品质评价结果的主观影响。

一、TPA 模式

1.实验原理

全质构分析（TPA）通常是对样品进行两次压缩来测定食品的质构特性。在TPA分析中，样品被质构仪探头两次挤压来探究样品被咀嚼时的变化。因此也称作"两次咬合测试"。可应用于火腿、肉丸、禽肉等产品的测定。

2.实验目的

通过该实验了解利用质构仪进行TPA模式实验，较熟练地掌握测定的方法与步骤。

3.实验设备

质构仪探头（P/50-平底探头）、双刀取样器（ST/TP）、水浴锅、便携式测温仪。

4.测定方法与步骤

（1）利用取样器顺着肌纤维的方向取下肉块，取样位置应距离样品边缘不少于5.0mm，两个取样的边缘间距不少于5.0mm，剔除有明显缺陷的孔样，测定样品数量不少于5个。

（2）实验探头采用P/50，测定模式与类型为TPA，测定压缩时的力（Measure Force in Compression），测定完成时恢复初位（Return to Start）。

（3）参数设置　测前速（Pre-test Speed）1.5mm/s；测中速（Test Speed）1.5mm/s；测后速（Post-test Speed）5.0mm/s；下压压力（Strain）50.0%；负载类型（Trigger Type）Auto-5.0g。

5.可获得的物性

硬度（hardness）、脆性（fracturability）、黏着性（adhesiveness）、弹性（springiness）、内聚性（cohesiveness）、胶黏性（gumminess）、咀嚼性（chewiness）、回复性（resilience）。

二、TDT模式

1.实验原理

TDT模式是利用柱形探头（底面积小）穿过样品表面，继续穿刺到样品内部，达到设定的目标位置后返回。可应用于肠类制品、肉丸等产品的测定。

2.实验目的

通过该实验了解利用质构仪进行TDT模式实验，较熟练地掌握测定的方法步骤。

3.实验设备

质构仪探头：P/2-平底探头。

4.测定方法与步骤

（1）将制好的样品于室温下（20～22℃）平衡1h后放到控制台中央。

（2）实验探头采用P/2，测定模式与类型为Hold & Penetration，对样品采用两次形变测试，第一次未刺破样品表面，可得到样品硬度、弹性和回复性，停留30s。第二次刺入样品内部，得到样品脆性、黏着性和咀嚼性，重复多次测试。

（3）参数设置 测前速（Pre-test Speed）1.5mm/s；测中速（Test Speed）1.5mm/s；测后速（Post-test Speed）10.0mm/s；负载类型（Trigger Type）Auto-15.0g；第一次下压压力（Strain）15.0%，第二次下压压力（Strain）75.0%。

5.可获得的物性

硬度（hardness）、弹性（springiness）、回复性（resilience）、脆性（fracturability）、黏着性（adhesiveness）、咀嚼性（chewiness）。

三、剪切模式

1.实验原理

剪切实验就是利用刀具探头对样品进行剪切，达到设定的目标位置后返回。可应用于家禽肉、水产品、风干肠等产品的测定。

2.实验目的

通过该实验了解利用质构仪进行剪切模式实验，较熟练地掌握测定的方法和步骤。

3.实验设备

质构仪探头（A/MORS-刀具探头）、水浴锅、便携式测温仪。

4.测定方法与步骤

（1）将制备好的样品放到控制台中央。实验探头采用A/MORS，测定模式与类型为A/MORS。测定剪切所需的最大力为样品的剪切力。

（2）参数设置 测前速（Pre-test Speed）1.0mm/s；测中速（Test Speed）1.0mm/s；测后速（Post-test Speed）5.0mm/s；下压距离（Distance）10.0mm；负载类型（Trigger Type）Auto-10.0g。

5.可获得的物性

咀嚼性（chewiness）、剪切力（shear force）。

四、挤压模式

1.实验原理

挤压实验是指探头从起始位置开始，以指定速度接触到样品的表面后（常以触发力来判定是否接触到样品）再以指定的测试速度穿过样品表面并继续穿刺到样品内部，达到设定的目标位置后以指定速度返回起始位置。可应用于禽肉、肠类制品、火腿等产品的测定。

2.实验目的

通过该实验了解利用质构仪进行挤压模式实验，较熟练地掌握测定的方法和步骤。

3.实验设备

质构仪探头：A/MEC探头。

4.测定方法与步骤

（1）参数设定　检查TA settings以及Test Configuration的参数设定，目标距离为93 mm，建议测试的循环次数不低于25次。

（2）样品放置　将力臂升高，使挤压盘移出样品筒，以便空样品筒能取出，称量一定量的样品到样品筒中，加入一定的唾液模拟液或者水，再将有样品的样品筒放入到水浴罩中，使上口处于中心位置。

（3）装水浴盖　将盛有样品的样品筒放入到水浴罩后，缓慢调节挤压盘下压。

（4）通过左右微调水浴底座，使得挤压柱子恰好完全进入样品筒，挤压盘稍进入样品筒后，锁好底座，拧紧上盖。

（5）预设探头位置　测试开始时候，应先将探头移动到95mm的位置，点击TA→Move Probe移动探头到95的位置（也可设置Probe Presets的功能），再点击开始测试即可。

5.可获得的物性

软化功比率。

五、蠕变-恢复模式

1.实验原理

蠕变-恢复，又称蠕变-回复，是指对样品施加一定的力使其产生蠕变以后，如将此力去除后，在蠕变延伸的相反方向上样品的应变随时间而减小的现象。可应用于肠类制品、火腿等产品的测定。

2.实验目的

通过该实验了解利用质构仪进行蠕变-恢复模式实验，较熟练地掌握测定的方法和步骤。

3.实验设备

质构仪探头：P/50-平底探头。

4.测定方法与步骤

（1）将制备好的样品放到控制台中央。实验探头采用P/50，测定模式与类型为蠕变-回复。

（2）参数设置　测前速（Pre-test Speed）1.0mm/s；测中速（Test Speed）0.5mm/s；测后速（Post-test Speed）10.0mm/s；下压距离（Distance）2.0mm；触发力5.0g。

5.可获得的物性

蠕变距离（creep distance）、恢复距离（recovery distance）。

6.思考题

（1）如何根据样品的不同选择探头？

（2）采用质构仪测定肉制品时为什么有的样品要用取样器，而有的样品则不用？

（3）质构仪使用过程中注意事项有哪些？

第四节　肌原纤维蛋白提取及其功能特性测定

实验一　肌原纤维蛋白的提取

1.实验原理

利用肌原纤维蛋白（MP）只溶解于高离子强度提取液的特点，将搅碎的猪里脊肉在高离子强度提取液中浸提后，将提取液反复离心制得肌原纤维蛋白溶液，经过滤、冷却、干燥后即可得到肌原纤维蛋白。

2.实验目的

通过该实验了解肌原纤维蛋白的特点，掌握肌原纤维蛋白提取的操作要点。

3.实验试剂与设备

3.1 试剂

所用试剂均为分析纯，所用水为蒸馏水或相当纯度的水。

十二水合磷酸氢二钠（$Na_2HPO_4 \cdot 12H_2O$）、二水合磷酸二氢钠（$NaH_2PO_4 \cdot 2H_2O$）、乙二胺四乙二酸二钠（EGTA）、氯化钠、无水氯化镁、0.1mol/L盐酸、无水硫酸铜、酒石酸钾钠、牛血清白蛋白。

3.2仪器设备

DS-1高速组织捣碎机、GL-21M高速冷冻离心机、T6紫外可见分光光度计、JD500-2型电子天平、2L烧杯、纱布、玻璃棒。

4.测定方法与步骤

（1）试剂的配制

① 提取液的配制　取十二水合磷酸氢二钠6.555g、二水合磷酸二氢钠1.826g、EGTA 1.141g、氯化钠17.550g、无水氯化镁0.570g，用蒸馏水定容至3L，混匀倒入瓶中备用。

② 洗液的配制　取氯化钠17.550g，用蒸馏水定容至3L，混匀倒入瓶中

备用。

③ PBS（0.01mol/L磷酸盐缓冲液）的配制　分别配制0.1mol/L磷酸氢二钠溶液和磷酸二氢钠溶液，将磷酸氢二钠溶液缓缓加入磷酸二氢钠溶液中，边加边搅拌，至pH值到7.0，加入氯化钠使氯化钠浓度为0.6mol/L。

④ 双缩脲试剂的配制　取1.5g无水硫酸铜和6.0g酒石酸钾钠至500mL蒸馏水中，待充分溶解后加入300mL 10%的氢氧化钠溶液，用水定容至1L，混匀倒入瓶中备用。

（2）肌原纤维蛋白的提纯　取猪背最长肌，剔除脂肪和结缔组织，切成1cm³小块，置于组织匀浆机中，加入4倍体积提取液匀浆60s，4℃、3500r/min冷冻离心15min，去除上清液取沉淀，并重复上面步骤两次。然后，取此沉淀加入4倍体积的洗液，匀浆60s，4℃、3500r/min冷冻离心15min，除上清液取沉淀，重复此操作一遍。再将沉淀加入4倍体积的洗液，匀浆60s，4层纱布过滤，取上清液，用0.1mol/L HCl调节pH值至6.0，4℃、3500r/min冷冻离心15min，除上清液取沉淀，沉淀即为提纯的肌原纤维蛋白。提纯出的肌原纤维蛋白于4℃备用，并用双缩脲法以标准牛血清白蛋白为标准蛋白测定肌原纤维蛋白含量。肌原纤维蛋白提取流程如图8所示。

5.结果计算

（1）制作标准曲线将0.1g牛血清白蛋白溶解于10mL蒸馏水中，混匀备用。取0mL、0.2mL、0.4mL、

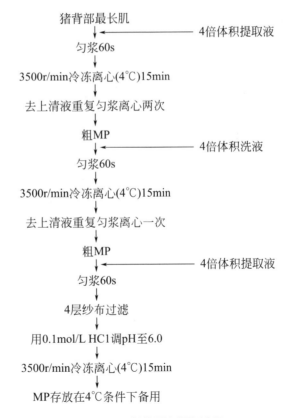

猪背部最长肌
↓　←4倍体积提取液
匀浆60s
↓
3500r/min冷冻离心(4℃)15min
↓
去上清液重复匀浆离心两次
↓
粗MP
↓　←4倍体积洗液
匀浆60s
↓
3500r/min冷冻离心(4℃)15min
↓
去上清液重复匀浆离心一次
↓
粗MP
↓　←4倍体积提取液
匀浆60s
↓
4层纱布过滤
↓
用0.1mol/L HCl调pH至6.0
↓
3500r/min冷冻离心(4℃)15min
↓
MP存放在4℃条件下备用

图8　肌原纤维蛋白提取流程

0.6mL、0.8mL、1.0mL 配制好的牛血清白蛋白溶液置于试管中，分别加蒸馏水补足至1.0mL，再加入4.0mL的双缩脲试剂混匀，半小时后在540nm处测吸光值，每个浓度至少3个平行。

以蛋白质质量浓度（mg/mL）为横坐标，以吸光值为纵坐标，制作标准曲线，并求取标准曲线方程。

（2）粗蛋白含量的测定　取1g提取出的粗肌原纤维蛋白溶解于19mL 0.01mol/L磷酸盐缓冲液中，溶解充分并静置半小时，取1mL肌原纤维蛋白稀释液，加入4mL双缩脲试剂，混合均匀，静置半小时后在540nm处测吸光值，代入标准曲线方程中，根据下式求出蛋白含量。

$$P(\%) = \frac{x}{\dfrac{1}{1+19}}$$

式中　　P——肌原纤维蛋白含量；

x——代入标准曲线后算得的蛋白质含量，mg/mL。

当分析结果符合允许差的要求时，则取两次测定的算术平均值作为结果，精确至0.1%。

允许差：由同一分析者同时或相继进行的两次测定结果之差不得超过0.5%。

6. 思考题

（1）粗肌原纤维蛋白提取时匀浆和过滤的目的都是什么？

（2）在最后一次离心之前为什么用0.1mol/L HCl调节pH值至6.0？

（3）标准曲线的制作过程中影响误差的因素有哪些？

实验二　肌原纤维蛋白凝胶特性的测定

1. 实验原理

肌原纤维蛋白是新鲜肉类的主要结构和功能成分，对影响加工肉制品的质量状况至关重要。肌原纤维蛋白还可以影响碎肉制品的质地特性，这主要是由于在加热和随后的冷却过程中会形成三维网络凝胶结构。凝胶强度、持水能力和白度是MP凝胶重要的功能特性。

2.实验目的

通过该实验了解肌原纤维蛋白凝胶的特点，掌握测定肌原纤维蛋白凝胶特性的操作要点。

3.实验试剂与设备

（1）试剂　所用试剂均为分析纯，所用水为蒸馏水或相当纯度的水。

十二水合磷酸氢二钠、二水合磷酸二氢钠、氯化钠。

（2）仪器设备　质构仪、冷冻离心机、色差仪、分析天平、恒温水浴锅、凝胶瓶、烧杯、玻璃棒、10mL离心管。

4.测定方法与步骤

（1）PBS（0.01mol/L磷酸盐缓冲液）的配制　分别配制0.1mol/L磷酸氢二钠溶液和磷酸二氢钠溶液，将磷酸氢二钠溶液缓缓加入磷酸二氢钠溶液中，边加边搅拌，至pH值为7.0。加入氯化钠使氯化钠浓度为0.6mol/L。

（2）肌原纤维蛋白凝胶的制备　将提取出的肌原纤维蛋白用PBS溶解至40mg/mL，静置30min，均匀加入到凝胶瓶中，排除气泡，于4℃下放置一夜。将凝胶瓶从4℃条件下取出，放置于水浴锅中，在75℃下加热20min后取出，待冷却至室温后置于4℃条件下放置一夜，第二天取出用于凝胶特性的检测。

（3）凝胶强度的测定　肌原纤维蛋白凝胶强度用质构分析仪分析。在测量凝胶强度之前，将凝胶在室温下平衡1h，并将样品切割成2.5cm长。使用圆形不锈钢探头（P 0.5S），测试断裂力（g）和形变（mm），参数如下：预测试速度5.0mm/s，测试速度1.0mm/s，测试后速度5.0mm/s，触发力5.0g，应变50%。

（4）持水性的测定　将蛋白浓度调整到40mg/mL，将制备的肌原纤维蛋白凝胶称重后，于0～4℃下经10000×g离心10min，去除分离出的液体，记录空离心管的重量以及离心前后离心管与凝胶的总重量。

（5）白度的测定　使用色差计测定肌原纤维蛋白凝胶白度。将凝胶瓶中的凝胶混合均匀置于色差皿中，测量并记录L^*、a^*、b^*和ΔE^*的数值。

5.结果计算

（1）凝胶强度的测定　将质构仪测定的数值保存，凝胶强度计算为断裂力和形变的乘积。

（2）持水性的测定

$$WHC = \frac{m_2 - m_1}{m_1 - m_0} \times 100\%$$

式中　WHC——MP凝胶的持水性；

　　　m_0——离心管的质量，g；

　　　m_1——加入凝胶后肌原纤维蛋白凝胶和离心管的总质量，g；

　　　m_2——去除上清液后肌原纤维蛋白凝胶和离心管的总质量，g。

当分析结果符合允许差的要求时，则取三次测定的算术平均值作为结果，精确至0.1%。

（3）凝胶白度的测定

$$W = 100 - [(100 - L^*)^2 + a^{*2} + b^{*2}]^{1/2}$$

式中　L^*、a^*、b^*——色差仪测量出的数值。

6.思考题

（1）制备肌原纤维蛋白凝胶时有哪些需要注意之处？

（2）测定凝胶强度之前将制备好的凝胶放置一夜再平衡1h的原因是什么？

实验三　肌原纤维蛋白流变学特性的测定

1.实验原理

食品流变学的传统测量方法主要包括塑性流体的屈服应力测量、食品的静态黏弹性测量和动态黏弹性测量。大多数食品不是纯液体或是纯固体，而是具有部分黏性和部分弹性。塑性材料在低于屈服应力时表现为弹性，大于屈服应力时表现为黏性，因而对于塑性流体主要是屈服应力的测量。黏弹性材料不同于塑性材料的是同时具备黏性和弹性。两种实验方法用来表征食品的黏弹性：瞬态和动态检测。

（1）瞬态检测　短暂的恒定的应力加载到材料上，得到应变对时间的函数。

（2）动态检测　正弦波应力应变试验是广泛使用的测定方法，应用较多的是小振幅振荡剪切（SAOS）。另外脉冲振动试验也是常用的动态黏弹性测定方法。

2.实验目的

食品流变学研究的是食品材料的组织结构受力变形和流动变化，是力、形变和时间的函数。食品流变学在食品工业中也有广泛应用。食品流变特性对加工流动性和产品质量都有许多影响。通过该实验了解肌原纤维蛋白中流变学特性测定的原理，掌握基本操作步骤。

3.实验试剂与设备

（1）试剂　提取的肌原纤维蛋白。

（2）仪器设备　DHR-1型流变仪（美国TA仪器公司）。

4.测定方法与步骤

（1）样品的制备　将提取出的肌原纤维蛋白调整蛋白浓度为40mg/mL。

（2）表观黏度扫描　温度恒定设置在20℃，应力为1%，剪切速率变化范围为$0.1 \sim 100s^{-1}$，记录混合体系的黏度随剪切速率变化曲线。

（3）频率扫描

① 线性黏弹性区间（LVR）的测定　采用直径为40mm、间隙为1.0mm的平行板进行测定。测样时仪器设定恒定温度为20℃，调整间距为1.0mm，测试频率设置为1Hz，应变区间为0.1% ~ 100%，获得试样的储能模量（G'）和损耗模量（G''）与应变的关系，选择合适的黏弹性区间。

② 动态黏弹性测量　根据上述条件确定合适的应变值，然后将温度设置为20℃，调整间距为1.0mm，在0.1 ~ 100Hz范围内进行频率扫描，测定不同样品的储能模量（G'）和损耗模量（G''）及相位角正切（$\tan \delta$）的变化。

（4）温度扫描　取约5g经高速斩拌后均匀致密的样品（未加热），均匀涂于平板的下表面（40mm直径）中心，驱动平板上表面缓慢下降，机器自动调节间距，平行板外凝胶与空气接触处用石蜡封住以防止水分蒸发。测试参数：频率为0.1Hz，恒定应变（strain）设置为2%，上下板夹缝为1.0mm，以1℃/min的速率从20℃升温到80℃。然后以2℃/min速率降温至20℃。测定不同样品的（G'）和（G''）及$\tan \delta$的变化。

（5）蠕变-恢复扫描　取约5g经高速斩拌后均匀致密的凝胶样品（未加热），均匀涂于平板的下表面（40mm直径）中心，驱动平板上表面缓慢下降，机器自动调节间距。测试参数：温度为20℃，上下板夹缝为1.0mm，样品蠕变阶段的测定是在1Pa的应力下扫描180s，然后将应力去除，观察360s内样品的恢复状态。

5.结果计算

（1）表观黏度扫描　记录混合体系的黏度随剪切速率变化曲线，黏度系数（k）和流动指数（n）的值由幂律方程确定：

$$\tau = k \times \delta^{n}$$

式中　　τ——剪应力，Pa；

　　　　δ——剪切速率，s^{-1}；

　　　　n——流动指数；

　　　　k——黏度系数，$Pa \cdot s^{n}$。

（2）频率扫描　流变性质指标主要由G'、G''和$\tan \delta$表征。G'为弹性模量，表示弹性意义；G''为黏性模量，表示黏性意义；损耗角正切（$\tan \delta$）为弹性模量与黏性模量的比值。从这个意义可知，比值大于1，弹性比例较多，材料呈周体性状，比值小于1则表示材料呈流体性状。

溶胶凝胶转变点（或凝胶点）可以确定为G'和G''随频率以相同方式变化的临界点，即临界凝胶点的G'和G''服从具有相同指数n的幂。

$$\frac{G''}{G'} = \tan \delta = \tan\left(\frac{n\pi}{2}\right)$$

式中　　n——松弛指数，物理上限制为$0<n<1$。

（3）温度扫描　在温度参数变化下测定不同样品的G'、G''及$\tan \delta$。以温度为横坐标，分别以G'、G''及$\tan \delta$为纵坐标制图，通过比较各实验组之间差别进行分析。

（4）蠕变恢复扫描　肌原纤维蛋白凝胶的蠕变恢复曲线以时间为横坐标，以J（单位Pa^{-1}）为纵坐标。蠕变/恢复柔量参数［$J(t)$］表示样品的柔软度，即$J(t)$值越低，样品结构越强；$J(t)$值越高，结构越弱。

当样品受到阶跃恒定应力（蠕变）然后移除施加的应力（恢复）时，样品的弹性和黏性响应可以通过蠕变和恢复测试来区分。在蠕变阶段，应力会引起瞬态响应，包括弹性和黏性贡献。在随后的恢复阶段，总应变可以分为三个阶段：第一次恢复（J_{SM}），由 Maxwell 变形产生的瞬时弹性部分；第二次恢复（J_{KV}），属于 Kelvin-Voigt 单元的延迟弹性部分；最后残余变形（J_∞），这是一个永久黏性部分，归因于 Maxwell 缓冲器的不可逆滑动。

① 蠕变　模拟蠕变行为可以提供弹性和黏性参数。Burger 模型可以很好地拟合蠕变数据来表征样品的变形模式。单位应力变形（柔量，J）与时间的关系由下式表示：

$$J(t) = \frac{1}{G_1} + \frac{1}{G_2}\left[1 - \exp\left(\frac{-tG_2}{\eta_2}\right)\right] + \frac{t}{\eta_1}$$

式中　$J(t)$——蠕变柔量；

$\quad$ G_1——Maxwell 的瞬时弹性模量；

$\quad$ G_2——Kelvin-Voigt 的延迟弹性模量；

$\quad$ η_1——Maxwell 的残余黏度；

$\quad$ η_2——Kelvin-Voigt 的内黏度。

② 恢复　恢复阶段的恢复柔量 [$J(t)$] 可以用以下等式描述：

$$J(t) = J_\infty + J_{KV} \exp(-Bt^C)$$

式中　B，C——定义系统恢复速度的参数。

该方程符合某些明确定义的限制条件。当 $t \to 0$ 时，$J(t) = J_\infty + J_{KV}$，对应于 Burger 模型中缓冲器的最大变形；当 $t \to \infty$ 时，$J(t) = J_\infty$，这对应于 Maxwell 缓冲器的不可逆滑动。

此外，由于 J_{SM} 是瞬时的并且通常非常小，因此最好从以下等式间接获得：

$$J_{SM} = J_{Max} - (J_\infty + J_{KV})$$

式中　J_{Max}——蠕变阶段最长时间 J 对应的最大变形。

在一个体系中，可以通过计算模型中每个元素对最大变形的贡献来建立完整的力学特性。Burger 模型中各元素的变形百分比可由下式计算：

$$J(\%) = \left(\frac{J_{element}}{J_{Max}}\right) \times 100$$

式中　$J_{element}$——相应的恢复柔量：J_{SM}、J_{KV} 或 J_∞。

此外，整个体系的最终恢复百分比（*R*）可以通过以下等式评估：

$$R = \left(\frac{J_{\text{Max}} - J_{\infty}}{J_{\text{Max}}} \right) \times 100\%$$

6.思考题

（1）为什么在频率扫描前要进行LVR扫描？

（2）蠕变-恢复扫描模型的适用条件是什么？

（3）温度扫描前，是否要进行不同温度下的LVR扫描？

第三章

肉制品加工技术

第一节　实验室常用设备

一、切割设备

1.冻肉切块机

冻肉切块机（图9）是使用液压传动，通过双齿轮泵的运转驱动液压油缸以及横梁导柱来运动，从而带动刀架做往复运动。刀架上有横刀和竖刀，横刀可以先把冻肉切成条状，然后横刀经过下行的挤压力，使肉条经过竖刀并切成块状。

图9　冻肉切块机

使用方式如下。

（1）使用前检查机器各部件有无缺损，刀架部分有无异物，然后把机器清洗干净。

（2）接好电源，按下启动按钮，刀组开始上下进行往复运动。

（3）把冻肉放入冻肉切块机的料道内，机器自动对原料肉进行切割。

（4）待原料肉快切割完时，可以放入下一块原料肉。

（5）待切割的原料肉切割完毕后，按停止按钮停机，然后把机器清洗干净。

2.半自动手动切片机

半自动手动切片机（图10）是切制薄而均匀组织片的机械，组织用坚硬的石蜡（本实验室一般为冷冻肉）或其他物质支持，利用切片机尖利的切面，每切一次借切片厚度器自动向前（向刀的方向）推进所需距离，将物体按照一定的比例切成一片一片。

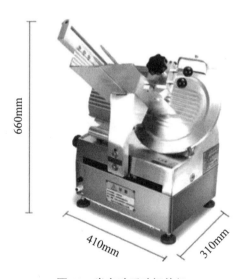

图 10　半自动手动切片机

使用方式如下。

（1）切前检查　电压、功率达到要求，机器无损坏，各运动部位无卡顿现象。

（2）切片

① 接上电源，将样品固定在压肉板上。

② 切面厚度调节旋钮调节所需厚度，打开电源开关。

③ 样品推进刀架，使刀片接近样品，用手来回移动样品，刀片将样品切成片状。

④ 切片完成后，关闭电源，取出肉片。

3.绞肉机

以落地式绞肉机（图11）为例，工作时利用转动的切刀刃和孔板上孔眼刃形成的剪切作用将原料肉切碎，并在螺杆挤压力的作用下，将原料不断排出机外。

图 11　落地式绞肉机

使用方式如下。

（1）孔径选择　根据所需产品粒径大小，选择相应的孔筛。

（2）安装　先将样品托盘卡进出料口卡槽内，然后螺旋轴承依托着出料口卡槽旋径置于出料口筒柱内，之后将三孔圆饼、刀片、所需规格孔筛依次安装在柱孔，最后螺帽固定即安装完成。

（3）接通电源，机身左侧开关右拧90°打开机器开关，按击右侧绿色按钮，打开绞肉开关。

（4）将原料肉置于样品托盘上，从托盘孔径处进入机器内绞成所需规格，出料口用盆接肉。

（5）结束后，按红色按钮停止，然后关闭机器，拔下电源。

二、腌制设备

1.滚揉机

真空滚揉机（图12）是在真空状态下，利用物理冲击的原理，让原料肉在滚筒内上下翻动，相互撞击、摔打，起到按摩、腌渍作用。一般在滚揉过程中往往加入腌制用盐（食盐、磷酸盐等），盐水会充分被原料肉吸收，并部分析出一些蛋白质，这些半流体的蛋白质会与肉块、磷酸盐一道结合形成更好的空间网络状结构，使得肉制品的产品质地及保水性、出品率显著提升。

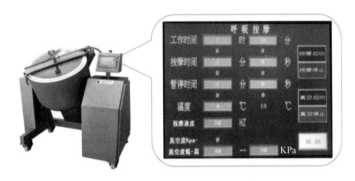

图 12　真空滚揉机

使用方式如下。

（1）加料　将原料肉和辅料置于滚筒内。

（2）打开电源开关后，再打开滚揉开关，使设备进入工作状态。

（3）根据实验要求在控制面板上设置滚揉参数，如按摩时间和速度、工作及暂停时间、真空度、温度等。

（4）滚揉完成后，打开控制面板上的出料开关，筒体正转即自动出料。

（5）关闭电源开关。

2.盐水注射机

盐水注射机（图13）是通过同步齿形带将肉块均匀向前移动（齿形带用来防止肉块滑动，让注射更为均匀），当肉块移动到注射针中间点时，输送带停止运动，注射针下方压板压住肉块，注射针刺入肉块并连续注射，待达到设定时间后，注射针返回到行程中点，同时盐水注射机供肉输送带开始向前移动，带动肉块运动，如此周而复始，将盐水及辅料配制的腌制液均匀地注射到肉块中。

图 13　盐水注射机

使用方式如下。

（1）料汁经过滤网倒入料车中。然后将料车推入机身腹部接通水泵进水管。接通电源。

（2）检查机器运转是否正常，即当输送带往前走时，针往下走。

（3）先开慢速启动，再开泵启动，查看水泵供液是否正常。

（4）根据注射需要，调节针的行程、输送带的行程、压力的大小和速度。

（5）将肉放到输送带上摆列均匀，进行注射。

（6）注射完毕，将余液倒出加入清水，开动机器进行清洗。清洗完毕，将机器外观擦拭干净，确保机器清洁干净。

（7）盐水注射机擦拭干净以后，检查针头是否堵塞，如有堵塞，卸下针头用细钢丝把针管里的杂物清理干净，以防影响注射效果。

三、搅拌与斩拌设备

1.搅拌机

真空搅拌机（图14）是采用独特的搅拌器，使馅料通过真空装置处于负压状态搅拌，使搅拌出的肉馅纤维细化，肉纤维间的游离动物蛋白被析出，以保证肉馅搅拌均匀并且肉体呈蓬松状态，加入的辅料能够充分被肉馅吸收。

图14　真空搅拌机

使用方式如下。

（1）将肉料及辅料置于搅拌机箱体内。

（2）开启总电源后，接通控制电源。

（3）根据实验要求设置控制面板上的运行参数，然后运行。

（4）搅拌完成后，依次关闭控制电源、总电源，然后取出物料。

2.斩拌机

斩拌机是利用斩刀高速旋转的斩切作用，将肉及辅料在短时间内斩成肉馅或肉泥状，再加入脂肪、水或冰一起斩拌可得到均匀的乳化肉糜。

（1）盘式斩拌机（图15）

图15　盘式斩拌机

使用方式如下。

① 用前准备　开机前需要检查刀头处于锁紧状态，锅内无异物，原料肉置于锅内。

② 接通电源，盖上锅盖后，启动转速搅拌按钮。

③ 搅拌完成后，先"停锅"再"停刀"，接着"断电"。

④ 打开锅盖，取出样品。

⑤ 清洗机器，清洗时注意不要被刀片划伤手。

（2）Robot-coupe R8斩拌机（图16）

图16　Robot-coupe R8斩拌机

使用方式如下。

① 组装好仪器后，机器接通电源。

② 将原料肉置于锅内，盖好锅盖。

③ 先按一挡启动，5s后换置二挡高速斩拌。

④ 斩拌结束后，按红色按钮暂停，拔下电源，取出肉糜。

3.制冰机

制冰机（图17）是一种将水通过蒸发器由制冷系统中制冷剂冷却后生成冰的制冷机械设备。

图 17　制冰机

使用方式如下。

（1）开机前检查各接电线是否安全，蒸发器内壁是否结冰，冰刀有无被冻住。

（2）接通电源开机，将控制面板上的控制电源开关置于"ON"位置，打开制冰机的启动开关。

（3）制冰完成后，依次关闭启动开关、电源开关，拔下电源线。

四、灌肠用设备

1.灌肠机

灌肠机运作原理为通过控制内部活塞的上下伸缩来连续或间歇式地将肉馅挤压至肠衣中，这大大提升了香肠类肉制品的生产效率。

（1）手摇式灌肠机（图18）

使用方式如下。

① 用前由上至下组装好机器。

② 将肠衣套在出料口处，然后将肉馅置于筒内。

③ 用右手摇灌肠机的摇杆使肉馅灌于肠衣内。

图 18 手摇式灌肠机

④ 灌完后，卸下料筒，清洗内壁，归于原位即可。

（2）手推式灌肠机（图19）

图 19 手推式灌肠机

使用方式如下。

① 将灌肠器的筒身和漏斗组装在一起，肠衣连接在漏斗嘴部。

② 肉馅置于筒身内，接着将推杆和筒身组装在一起。

③ 左手捏着肠衣与漏斗嘴连接处，右手顺时针缓慢向前摇动推杆，将肠灌于肠衣内。

④ 灌完后，将肠按一定长度结扎。

⑤ 用1mL规格的医用注射器刺气泡处，排出气泡。

（3）真空自动灌肠机（图20）

图 20　真空自动灌肠机

使用方式如下。

① 安装　将灌肠机的叶轮、叶片、法兰均消毒后，按照安装顺序将其装在灌肠机上，先将叶轮固定好，再将叶片有开口的一面向下安装，再压紧定心法兰，还原好料斗，复位锁紧开关。

② 打开空压机，空气压力应调节在0.6MPa左右打开放气阀门。

③ 接通电源，打开机器电源开关。

④ 根据需求选择合适灌装管安装在真空叶片直灌机出料口上。

⑤ 料斗加入肉料，灌装管上套上肠衣。

⑥ 机器上显示待机画面后，按下开机键，画面切换，触摸屏幕，接通电机电源，肉料通过灌装管进入肠衣。

2.手动卡扣机

手动卡扣机（图21）又称香肠结扎机，其作用在于用小的铝制密封夹固定密封香肠两端，代替人工打结。

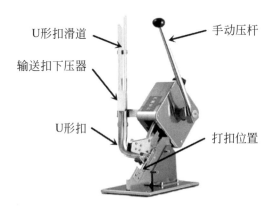

图 21　手动卡扣机

使用方式如下。

（1）准备好机器后，拉出U形压力块。

（2）将U形扣、U形压力块依次沿滑道放入U形钉槽。

（3）将U形钉槽压下固定好U形钉。

（4）将要装订的产品放入打扣位置。

（5）向下压下手动压杆即完成卡扣工作。

五、熟制设备

这里介绍蒸煮锅。

以电加热蒸煮锅（图22）为例，采用电加热方式，直接将水注入在蒸煮锅内加热，产生蒸煮需求的高压蒸汽，对需要蒸煮的物品进行蒸煮。

图 22　电加热蒸煮锅

使用方式如下。

（1）关闭蒸煮锅排水阀门，打开进水口阀门，向锅内注水，水位位于锅体1/2～2/3之间。

（2）接通电源，打开加热开关。

（3）设置控制面板上加热温度。

（4）待水温到指定温度后，放入样品，设置好加热时间。

（5）蒸煮完成后，依次关闭开关，拔下电源，取出样品，打开排水阀门，排尽水。

六、烟熏设备

这里介绍烟熏箱。

烟熏箱（图23）是通过发烟装置（发烟箱）产生烟雾，由进烟管道进入炉体，在循环风的作用下使烟雾在炉内循环，从而使整炉产品上色均匀且具有烟熏风味的常用肉制品加工机械。

图23　烟熏箱

使用方式如下。

（1）炉体和发烟箱用接管及弯头配件连接好。

（2）打开料斗箱，将木屑加入进去。

（3）打开炉体，炉内右侧卡槽放满水，用于传感温度。

（4）将产品推入炉内，连接电源，打开开关。

（5）在控制面板上设置运行参数及烟熏时间。

（6）到达指定时间后，发出报警信号，即完成烟熏。

（7）关闭开关，断开电源，取出产品即可。

七、灭菌设备

这里介绍灭菌锅。

以手提式灭菌锅（图24）为例，是利用电热丝加热水产生蒸汽，并能维持一定压力对食物进行灭菌的一种装置。

图 24　手提式灭菌锅

使用方式如下。

（1）高压灭菌锅使用前要水加到水位线。

（2）将需灭菌的培养基、蒸馏水或其他器皿放入灭菌锅内，关闭锅盖，检查排气阀、安全阀状态。

（3）接通电源，检查参数设置是否正确，然后按下work键，灭菌锅开始工作；加热到105℃时，关闭顶部安全阀门，然后压力开始上升。

（4）压力升至0.10MPa（121℃）时，开始计时，一般培养基灭菌20min，蒸馏水灭菌30min。

（5）达到规定的灭菌时间后，关闭电源，打开放气阀缓慢放气；当压力指针降至0.00MPa，放气阀无蒸汽排除时，可开启锅盖。

八、包装设备

1.真空包装机

真空包装机（图25）其原理在于通过真空设备将空气从袋中挤出，然后将袋口热塑密封。

图25　真空包装机

使用方式如下。

（1）接通电源，将要密封的食品袋封口贴在机器传感器右侧黑色封条处。

（2）按黑色按钮开关，合上包装机机盖。

（3）封装完成后，按黑色按钮打开机盖，断开电源。

2.气调包装机

气调包装机（图26）是采用复合保鲜气体（2～3种气体按食品特性配比混合），对包装盒或包装袋内的空气进行置换，改变盒（袋）内食品的外部环境，抑制细菌（微生物）的生长繁衍，减缓新鲜果蔬的新陈代谢速度，从而延长食品的保鲜期或货架期。

图 26　气调包装机

使用方式如下。

（1）打开电源开关，确定空气压力达到0.7MPa。

（2）设置单步或者自动已开；设置普包已开。

（3）设置加热温度，然后设置温控已开，等待加温结束（需要调整温度时，必须设置温控已关）。

（4）将保鲜气体气瓶减压阀打开，确保设备上相对应的氧气、氮气、二氧化碳压力表读数达到0.5 ～ 0.6MPa之间。

（5）进入气体配比设置页面，设置所需要的气体比例后，按"确定"键。

（6）查看封口膜和盒子摆放准确，按"复位"和"启动"键。

（7）包装完成后，断开电源。

第二节　腌腊制品加工

实验一　广式腊肠的加工

1.实验目的与要求

广式腊肠风味独特，口感颇好，作为中国传统腊肉制品传统代表之一，深受消费者青睐。

本实验要求掌握制作广式腊肠的工艺流程、操作要点及质量评价。

2.实验材料与设备

（1）材料与配方　新鲜猪瘦肉70kg、肥肉30kg、食用盐2.95kg、食用白砂糖9.5kg、酱油2.5kg、白酒2.5kg、硝酸盐0.05kg、冰水混合物17.5kg。

（2）仪器设备　绞肉机、斩拌机、台秤、烘箱、灌肠机、细线、1mL规格的医用注射器。

3.工艺流程

选料→绞肉与切丁→拌料与腌制→灌肠→排气→结扎→清洗→晾晒与烘烤→成品

4.操作要点

（1）选料　选用经过卫生检疫合格的新鲜猪肉。

（2）绞肉与切丁　剔除筋膜、肋骨和皮，修割整齐，瘦肉用6～8mm孔径的绞碎机绞碎。肥肉切成0.75cm³的小丁，然后用清水漂洗，直至各部分之间不粘连即可，取出沥干水分。

（3）拌料与腌制　将原料瘦肉与辅料搅拌混合均匀，并同时逐渐加入17.5kg的冰水，加入肥丁，混合均匀，然后加入辅料，继续搅拌，当肉馅均匀有粘连，手触有坚挺感且致密时，于4℃腌制2h。

（4）灌肠　将腌好的馅料放入手动灌肠机中，肠衣选择直径2.0cm、长2.0～3.0m的盐肠衣。要控制好灌肠力度，力度过小会使肠体松弛无坚实感，力度过大容易撑破肠衣。

（5）排气　观察灌肠时是否有气泡产生。如果有，需要用1mL规格的医用注射器针刺气泡部分。

（6）结扎　每隔15cm用细线结扎，保证各部分长度，硬度均匀一致。

（7）清洗　用50℃温水将肠清洗干净，以除去表面油污。

（8）晾晒与烘烤　将湿肠悬挂在日光下晾晒3天，夜晚推入烘箱中50℃热风干燥，重复三个夜晚。最后在通风干燥处风干15天即为成品。

5.质量评价

（1）感官评价　肠体干爽，呈现完整的圆柱形，表面褶皱均匀自然，切面致密平整；肥肉白，瘦肉鲜红，红白分明，有光泽；具有浓郁的腊肉制品风味，无异味，无酸败味。

（2）理化指标　见表4。

表4　广式腊肠理化指标

项目	优级	一级	二级
蛋白含量 /%	≥ 22	≥ 20	≥ 17
脂肪含量 /%	≤ 35	≤ 45	≤ 55
水分含量 /%	≤ 25	≤ 25	≤ 25
食盐含量（以 NaCl 计）/%	≤ 8	≤ 8	≤ 8
总糖含量（以葡萄糖计）/%	≤ 20	≤ 20	≤ 20
酸价（以 KOH 计）/（mg/g）	≤ 4	≤ 4	≤ 4
亚硝酸盐（以 $NaNO_2$ 计）/（mg/kg）	≤ 20	≤ 20	≤ 20

6.思考题

（1）如何控制广式腊肠脂肪氧化的问题？

（2）如何控制广式腊肠烘干过程中细菌滋生问题？

（3）结扎后肠为什么要清洗，有什么目的？

实验二　川式腊肠的加工

1.实验目的与要求

川式腊肠，又称麻辣肠，是川渝地区极具特色的传统肉制品。

本实验要求掌握制作川式腊肠的工艺流程、操作要点及质量评价。

2.实验材料与设备

（1）材料与配方　新鲜猪后腿肉70kg、肥膘30kg、食用盐3kg、食用白砂糖0.6kg、白酒1kg、辣椒粉0.8kg、花椒粉0.6kg、胡椒粉0.4kg、生抽1kg、硝酸钠0.05kg。

（2）仪器与设备　刀具、砧板、烘箱、腌制盆、细绳、1mL医用注射器、灌肠机、台秤。

3.工艺流程

清洗肠衣

↓

原料的选择→切片、切丁→腌制→灌肠→结扎→排气→风干

4.操作要点

（1）原料的选择　选用经兽医卫生检疫合格的新鲜猪肉后腿肉。

（2）切片、切丁　新鲜猪后腿肉剔除筋膜、肋骨和皮，切成4.0cm长、1.8cm宽、0.5cm厚的肉片，肥膘切成1cm³大小的小丁。

（3）腌制　于肉中加入辅料，戴上手套沿顺时针方向抓拌均匀，直至肉各部分间有黏度，盖上盖于腌制缸中腌制8～10h。

（4）清洗肠衣　将猪小肠肠衣用清水浸泡5～8min，并加入少量的盐反复揉搓去腥抑菌，最后用清水洗去肠衣表面残留的盐。加入的盐不宜过多，防止肠衣变脆，在之后的灌肠中容易被破坏。

（5）灌肠与结扎　将肠衣一端接在手动灌肠机的一端出口上，把腌制好的肉通过灌肠机另一端送入肠衣内，灌满整根后，用手调节肠体各部分间的硬度和粗细程度，待其均匀且手触有紧实感时，每隔15cm用细绳打一结，将其扎紧，成为多个长度一致的小节。

（6）排气　用1mL医用注射器在每一小节肠体表面刺些小孔，利于排水排气。

（7）风干　将肠挂在竹竿上与太阳下晾晒2～3天，待表面水分干后，置于通风阴凉的高处，风干15天即可。

5.质量评价

（1）感官评价　肠体干燥，无黏液；切片致密坚实有光泽，瘦肉呈枣红色，肥肉乳白；具有腊肠特有的风味，无异味。

（2）理化指标　水分≤25g/100g；食盐≤9g/100g；酸价（以KOH计）≤4mg/g；亚硝酸盐（以$NaNO_2$计）≤20mg/kg。

6.思考题

（1）如何控制风干过程中微生物的生长？

（2）如何提高川式香肠的品质，如氧化问题。

（3）川式腊肠和广式腊肠有什么区别？

实验三　四川烟熏腊肉的加工

1.实验目的与要求

四川烟熏腊肉是四川的地方名吃，口感咸香，有浓郁的烟熏风味，不仅受到当地人的青睐，在其他省份也颇受欢迎。

本实验要求掌握制作川式烟熏腊肉的工艺流程、操作要点及质量评价。

2.实验材料与设备

（1）材料与配方　以每100kg新鲜猪五花肉或者猪后腿二刀肉、三刀肉为标准：食盐3kg，硝酸盐0.04kg，红花椒0.6kg，八角0.3kg，生姜粉0.4kg，桂皮0.3kg，香茅草1.0kg，高度白酒1.0kg，白砂糖0.8kg。

（2）仪器设备　刀具、砧板、线绳、烟熏箱、不锈钢盆、电磁炉、台秤。

3.工艺流程

选料→改刀→辅料翻炒→抹料→腌制→清洗→烟熏→包装→成品

4.操作要点

（1）选料　选择经过兽医卫生检疫合格的新鲜五花肉或者猪后腿二刀肉、三刀肉。

（2）改刀　将原料肉每隔3～5cm用刀划开，刀深1.5～2.0cm，方便更好入味。并且在肉的上端用刀刺一个小孔。

（3）辅料翻炒　将食盐、红花椒、八角、生姜粉、桂皮、香茅草大火翻炒，直到食盐变为金黄色即可。

（4）抹料与腌制　将炒好的辅料用手均匀涂抹在肉上，倒入白酒、白砂糖和硝酸盐，反复揉搓，使各部混合均匀。然后放入不锈钢盆中，盖上盖子在4℃下腌制48h。

（5）清洗　腌制好的肉用热水清洗干净，洗去表面的盐和多余的油脂。

（6）烟熏　将腌好的肉系上线绳挂于小推车上，推进烟熏箱中烟熏24h，箱内温度70℃。再进行烟熏前，要先使用烘烤模式使烟熏箱内温度达到50℃去除腊肉表面水分。

（7）包装　冷却后的腊肉即为成品。用防潮蜡纸包好置于通风干燥处即可。

5.质量评价

（1）感官指标　产品肉身干爽，手触有紧实感且不粘连，瘦肉呈褐红色，肥肉金黄，有光泽，有特色的烟熏风味，无异味，无酸败味。

（2）理化指标　氯化物（以NaCl计）≤8g/100g；过氧化值（以脂肪计）≤0.5g/100g；酸价（以脂肪计）≤4g/100g；苯并芘≤5μg/100kg；亚硝酸盐残留量≤30mg/kg。

6.思考题

（1）烟熏除了使腊肉具有独特的烟熏风味外，还有什么作用？

（2）如何避免腊肉发霉问题？

实验四　广式腊肉的加工

1.实验目的与要求

广式腊肉因其口感鲜美、风味独特、便于保存等优点深受消费者喜爱，畅销国内和东南亚等地区。

本实验要求掌握制作广式腊肉的工艺流程、操作要点及质量评价。

2.实验材料与设备

（1）材料与配方　以每100kg去骨猪肋条肉为标准：白砂糖4kg、食盐2.5kg、酱油3kg、60°白酒2kg、八角0.2kg、桂皮0.2kg、花椒0.2kg、硝酸盐0.04kg。

（2）仪器与设备　刀具、线绳、盆、烘箱、台秤、案板、蜡纸。

3.工艺流程

选料→去骨、切条→清洗→腌制→烘烤→包装→成品

4.操作要点

（1）选料　选择经过卫生检疫合格的不带奶脯的新鲜猪肋条肉。

（2）去骨、切条 原料肉去骨修整后，切成宽3～5cm、长40cm左右的长条，在条坯顶端的右侧部分用刀刺穿一个小孔，方便用线绳悬挂。

（3）清洗 将猪肋条用温水清洗，除去肉条上面多余的油脂。

（4）腌制 将白砂糖、桂皮、八角、食盐、花椒和硝酸盐混合均匀后充分涂抹在肉条表面，然后在盆中倒入酱油和白酒，搅拌均匀后，将肉条放入盆中，不停翻动，使肉条每一处都能与腌制料充分接触，盖上盆盖，在4℃下腌制8～10h。

（5）烘烤 将腌制好的肉条悬挂在小推车上，推入烘箱，使烘箱内温度达到50℃，烘制2h。然后将温度调到80℃，烘制48h，待表皮干爽，并且有油渍沥出时，即可推出烘箱。

（6）包装 肉条在室温下冷却后，用蜡纸包裹起来防潮。

5.质量评价

（1）感官指标 肉条整体形态齐整，表面富有光泽，瘦肉呈红褐色，肥肉金黄剔透，有特殊的腊肉风味，无异味。

（2）理化指标 氯化物（以NaCl计）≤8g/100g；过氧化值（以脂肪计）≤0.5g/100g；酸价（以脂肪计）≤4g/100g；苯并芘≤5μg/100kg；亚硝酸盐残留量≤30mg/kg。

6.思考题

（1）如何提高广式腊肉的品质，如脂肪水解和氧化酸败的问题？

（2）怎样把握烘烤条件，避免烤煳或烘制不完全问题？

（3）广式腊肉与川式腊肉相比较有什么异同点？

实验五 金华火腿的加工

1.实验目的与要求

金华火腿是我国浙江省金华市有名的发酵肉制品特产，距今已经有一千多年的历史，曾获得国家原产地域产品保护。相传宋代名将宗泽将家乡"腌腿"上献给当朝皇上，被赐名"火腿"。

本实验要求掌握制作金华火腿的工艺流程、操作要点及质量评价。

2.实验材料与设备

（1）材料与配方　新鲜猪后腿肉（5～8kg为宜）、食盐9%（以腿重计）、硝酸盐适量。

（2）仪器设备　刀、大盆、线绳、竹竿、电子秤。

3.工艺流程

选料→修割→腌制→浸腿→洗腿→晒腿→整形→发酵→落架堆叠→成品

4.操作要点

（1）选料及修割　选择新鲜猪后腿肉，皮薄爪小，腿心丰满，重量5～8kg最佳。然后用刀削去高于肉面的耻骨和髂骨，将尾骨和荐骨连接的地方断开，并去除尾骨，腰椎和荐椎高于肉面的地方也要用刀削平，使肉面平整，同时，割去胫骨和腿两边多余的脂肪和皮层，挤出淤血，将腿修成琵琶形。

（2）腌制　将食盐和硝酸盐涂抹在修好的腿表面进行腌制。时间通常在金华地区11月到来年二月，温度为3～8℃。上盐分为6～7次。

第一次上盐量为总盐量的12%～13%，涂抹到整个腿的表面。第二次上盐为第一次上盐后的2～3天，上盐量为总盐量的2/3，俗称"上大盐"。将第一次上盐后腿中流出在盆中的血水倒掉后，将盐涂满整个腿表面，并且反复揉搓5次以上，使盐充分覆盖腿表面。特别是膘厚和外露骨头处多上些盐。第三、四次上盐分别在前一次上盐后的第7天，主要是对盐薄和盐内渗完的地方进行补盐，用盐量根据火腿的吸收情况而定，每次用盐量大概为总盐量的9%。第五、六次上盐分别在上一次上盐后的第3天，仍然是补盐，不过此时用盐量比较少。第六次上盐后的第三天进行最后一次上盐，主要是涂抹在腿表面没有盐和盐少的地方，用盐量为剩下的盐，腌制10天即可。整个腌制过程持续35天左右。

（3）浸腿、洗腿和晒腿　将腌好的腿肉面向下，全部浸泡在清水中大概10h，然后顺着脚爪从皮面到腿下部冲刷，洗去表面的盐渍、油渍和污渍，使腿面露出红褐色。然后在水中浸泡3h，进行第二次清洗。浸洗结束后用线绳系住脚爪，悬挂在竹竿上于太阳下晾晒2～3天，待表面有油渗出，皮呈金黄色，肌肉呈红褐色即可。

（4）整形　用两掌挤压腿身两侧，使腿心丰满，呈纺锤形；用锤头敲击小腿膝盖，将小腿插入校骨橙圆孔中，拉到正直，下部无褶皱为止；用刀将腿爪修成月牙形。腿形固定后，腿重为鲜腿重的85%～90%。

（5）发酵 选择通风干燥的发酵室，将晾好的火腿悬挂在室内发酵5个月左右。一般在发酵的第15天左右，火腿表面会长出绿霉，表明发酵良好。

发酵过程基本完成，至火腿水分基本蒸发完全，腿身不再改变时，需要进一步修整呈竹叶形。

（6）落架堆叠 发酵期完成后，基本达到贮藏的条件，将悬挂的火腿取下堆叠。肉面向上层层堆叠（≤15层），视当地气温每一周半倒堆一次。

5.质量评价

（1）感官评价 皮细爪小；肌红脂白，皮面亮黄；咸香带甜，肥而不腻；刀锋流利，形似竹叶。

（2）理化指标 铅（Pb）含量≤0.2mg/kg；无机砷含量≤0.05mg/kg；镉（Cd）含量≤0.1mg/kg；汞（Hg）含量≤0.05mg/kg；亚硝酸盐含量≤30mg/kg；过氧化值（以脂肪计）≤0.25g/100g；三甲胺氮≤2.5mg/100g。

6.思考题

（1）如何保证金华火腿的竹叶形？

（2）发酵过程中"水花"和"盐花"出现的原因是什么，如何制止？

实验六 南京板鸭的加工

1.实验目的与要求

南京板鸭，因肉质鲜嫩细腻，香气浓郁，味道鲜美，在清代时总被官员进献给京城，又有"贡鸭"美称。根据腌制季节不同，分为腊板鸭和春板鸭。除腌制日期外，二者制作过程一样，但通常腊板鸭口感比春板鸭好，且贮藏时间更长，贮藏条件更简便。

本实验要求学会制作南京板鸭，并掌握技术要点和质量评价。

2.实验材料与设备

（1）材料与配方 以100kg新鲜光鸭为标准：150kg冷水、食盐63.25kg、茴香0.25kg、生姜片30g、葱45g。

（2）仪器设备　菜刀、案桌、医用纱布、蒸煮锅、木档钉、电子秤、大盆、卤制缸、炒锅、竹竿、线绳。

3.工艺流程

选鸭→宰前断食→宰杀放血→浸烫去毛→择取内脏→清膛、浸水→
擦盐、干腌→扣卤→制备盐卤→入缸卤制→扣卤→复卤→
滴卤堆叠→排坯晾晒→成品

4.操作要点

（1）选鸭　选择健康、体态肥硕、未生蛋和未换毛、重达1.5kg以上食稻谷的肉鸭。

（2）宰前断食　屠宰的肉鸭宰前16～24h断食，只给清水。

（3）宰前放血　通常采用颈部放血。用锋利刀割断活鸭脖颈处的食管和气管，深度大概5cm。最好电击后再进行屠宰。

（4）浸烫去毛　用蒸煮锅将水烧至65℃左右，过高，破坏鸭表皮脂肪；过低，不方便拔毛。浸烫沥完血后的鸭坯要去除表面的羽毛。

（5）择取内脏　用尖刀在鸭坯右翅下开一长5cm的直口，便于拉出食道，也便于干腌时装入食盐。之后将下咽刺穿，便于晾挂。然后将肋骨掰开，将食指伸入腹内，拿出腹内内容物。

（6）清膛、浸水　清膛后用清水反复清洗鸭坯胸腔，洁净后，再将鸭坯浸泡在150kg冷水中3h左右。

（7）擦盐、干腌　将6.25kg的食盐与125g的茴香放入炒锅中炒干，待鸭坯沥干后，将75%的食盐装入腹腔内，在案桌上反复揉搓，直到食盐均匀地涂满腹腔内部，剩下的食盐擦抹在鸭体外部。腌制12h。

（8）扣卤　用竹签撑开鸭体肛门，将腹内盐水倒出。

（9）盐卤制备　盐卤分为新卤和老卤。将（6）中浸鸭后的血水，加入57kg食盐，煮沸。静置后除去上层杂物，在下层清液中加入125g茴香、30g生姜片、45g葱，冷却后即为新卤。新卤复腌即为老卤。盐卤腌制3～4次后需重新煮沸。

（10）入缸卤制、扣卤与复卤　干腌后的鸭体，叠于缸中大概10h后，再次"扣卤"。然后将老卤灌入鸭子体内，将鸭子浸入盐卤卤面1cm以下，即

"复卤"。

（11）滴卤堆叠　1天后将鸭子从缸中取出，滴尽水分，随后移入缸中，叠放3天左右。

（12）排坯晾晒　将堆叠后的鸭子从缸中取出，用清水洗净，使颈部排开，胸部铺平，双腿理开，挂在木档钉上，即为排坯。整形后于干燥通风良好处晾晒半月即可。

5.质量评价

（1）感官评价　肉身干爽无粘连，有金黄光泽；同时具有腊肉制品应有的风味，肉质酥烂有回味；无异味，无酸败味。

（2）理化指标　铅（Pb）含量≤0.2mg/kg；无机砷含量≤0.05mg/kg；镉（Cd）含量≤0.1mg/kg；汞（Hg）含量≤0.05mg/kg；亚硝酸盐含量≤30mg/kg；过氧化值（以脂肪计）≤2.5g/100g；酸价（以脂肪计）≤1.6mg/g。

6.思考题

（1）去毛时，为什么要控制水的温度？

（2）老卤为什么复卤了3～4次后要重新烧卤？

第三节　肉灌制品加工

实验一　哈尔滨红肠的加工

1.实验目的与要求

哈尔滨红肠，原产于东欧的立陶宛。中东铁路修建后，外国人大量进入哈尔滨，将红肠工艺带到了哈尔滨，已有近百年的历史。因为肠的外表呈枣红色，被哈尔滨人称之为红肠。哈尔滨红肠做法精良，产品表面呈枣红色，内部组织紧密而细致，脂肪块分布均匀，切面有光泽且富有弹性。有熏烟芳香，味美质干，蛋白质含量高，营养丰富。

本实验要求掌握制作哈尔滨红肠的工艺流程、操作要点及质量评价。

2.实验材料与设备

（1）材料与配方 猪瘦肉84kg、背膘10kg、马铃薯淀粉6kg、水24kg、大蒜3kg、白糖1kg、味素0.3kg、白胡椒粉0.2kg、红曲米粉0.1kg、抗坏血酸钠0.1kg、亚麻籽胶0.1kg，食盐2.9kg，亚硝酸盐8.4g，磷酸盐0.34kg。

（2）仪器设备 刀具、砧板、台秤、不锈钢盆、线绳、绞肉机、拌馅机、斩拌机、灌肠机、蒸煮锅、烟熏箱、冷库。

3.工艺流程

原料肉的选择→切块→腌制→制馅→灌制→烘烤→煮制→熏制→成品

4.操作要点

（1）原料肉的选择 原料肉必须是健康动物宰后的质量良好并经兽医卫生检验合格的肉。最好用新鲜肉或冷却肉，也可以用冷冻肉，使用冷冻肉需提前一天缓化。原料肉一般选用牛肉和猪肉。其中，猪肉在红肠生产中一般是用瘦肉和皮下脂肪作为主要原料。牛肉在红肠生产中只用瘦肉部分，不用脂肪；牛肉中瘦肉的黏着性和色泽都很好，可提高结着力，增加产品弹性和保水性。另外，头肉、肝、心、血液等也可作为原料。

（2）切块 剔骨后的大块肉，还不能直接作为灌肠的原料，必须去掉不适宜制作灌肠的皮、筋腱、结缔组织、淋巴结、腺体、软骨、碎骨等，然后将大块肉按生产需要切块。

① 皮下脂肪切块 将皮下脂肪与肌肉的自然连接处，用刀分割开，背部较厚的皮下脂肪带皮自颈部至臀部按宽15～30cm割开。较薄的带皮脂肪切成5～7cm长条。

② 猪瘦肉的切块 将猪瘦肉按肌肉组织的自然块分开，顺肌纤维方向切成100～150g的小肉块。

（3）腌制 用食盐和亚硝酸盐腌制，提高肉的保水性、结着性，并使肉呈鲜亮的颜色。

① 猪瘦肉的腌制 每100kg肉使用食盐为3kg，亚硝酸盐为10g。在瘦肉腌制中还要加磷酸盐和抗坏血酸钠。应将腌料与肉充分混合进行腌制，腌制时间为3天，温度为4～10℃。

② 脂肪的腌制　用盐量为3%～4%，不加亚硝酸盐。腌制时间3～5天。

③ 腌制室的要求　室内要清洁卫生，阴暗不透阳光；空气相对湿度90%左右；温度在10℃以内，最好2～4℃；室内墙壁要隔热，防止外界温度的影响。

（4）制馅

① 猪瘦肉绞碎　腌制好的猪瘦肉用绞肉机绞碎，绞肉机筛孔直径为5～7mm。绞肉能使余下的结缔组织、筋膜等同肌肉一起被绞碎，同时增加肉的保水性和黏着性。

② 脂肪切块　将腌制后的脂肪切成1cm³的小块。脂肪切丁有两种方法：手工法和机械法。手工切丁是一项细致的工作，要有较高的刀功技术，才能切出正立方形的脂肪丁。机械法是采用机器进行脂肪切丁，切丁效率高。

③ 拌馅　先加入猪瘦肉和调味料，拌制一定时间后，加定量水继续拌制，最后加淀粉和脂肪块。拌制时间一般为6～10min。拌馅是在拌馅机中进行的，由于机械运转和肉馅的互相摩擦产生热，肉馅温度不断升高，因而在拌馅时要加入凉水或冰水，加水还可以提高出品率，可在一定程度上弥补熏制时重量的损失，拌制好的标准是馅中没有明显肌肉颗粒，脂肪块、调料、淀粉混合均匀，馅富有弹性和黏稠性。

（5）灌制　灌制前先将猪小肠肠衣用温水浸泡，使用前用温水反复冲洗并检查是否有漏洞。哈尔滨红肠的灌制一般采用灌肠机。其方法是把肠馅倒入灌肠机内，再把肠衣套在灌肠机的灌筒上，开动灌肠机将肉馅灌入肠衣内。灌制时松紧要适当，过紧在煮制时由于体积膨胀使肠衣破裂，灌得过松煮后肠体出现凹陷变形。灌完后拧节，每节长为18～20cm，每根晾杆上悬挂10对，两头用绳系，如果不够对数要用绳子接起来。

（6）烘烤　经晾干后的红肠送烟熏箱内进行烘烤，温度为70～80℃，时间为25～30min。经过烘烤的灌肠，肠衣表面干燥没有湿感，用手摸有"沙沙"声；肠衣呈半透明状，部分或全部透出肉馅的色泽；烘烤均匀一致，肠衣表面无熔化的油脂流出。

（7）煮制　有两种煮制方法，一种是蒸汽煮制，适合于较大的肉制品厂，是在坚固而密封的容器中进行；另一种为水煮制法，我国大多数肉制品采用水煮法。锅内水温升到95℃左右时将红肠下锅，以后水温保持在85℃，水温如太低不易煮透；温度过高易将灌肠煮破，且易使脂肪熔化游离，待肠中心温度达到74℃即可。煮制时间为30～40min。

（8）熏制　把红肠均匀地挂到熏炉内，不挤不靠，各层之间相距10cm左右，最下层的灌肠距火堆1.5m。一定要注意烟熏温度，不能升温太快，否则易使肠体爆裂，应采用梯形升温法，熏制温度为35～55～75℃，熏制时间8～12h。

5.质量评价

（1）感官指标　肠衣（肠皮）干燥完整，并与内容物密切结合，坚实而有弹力，无黏液及霉斑，切面坚实而湿润，肉呈均匀的蔷薇红色，脂肪为白色，无腐臭，无酸败味。

（2）理化指标　亚硝酸盐含量（以$NaNO_2$计）≤30mg/kg。

6.思考题

（1）哈尔滨红肠烟熏的目的。

（2）鉴别灌肠是否煮好的方法。

（3）腌制室的要求及注意事项。

实验二　松江肠的加工

1.实验目的与要求

"依大连斯"就是"松江肠"。1964年8月，黑龙江食品公司统一了10种主要欧式产品的汉语名称，将依大连斯改名为松江肠，是哈尔滨肉类联合厂的传统产品，亦称意大利灌肠，属于干肠类半熏灌肠。在制作上选料精良、配方独特、加工细腻。松江肠使用牛拐头（牛盲肠）为肠衣，配料、工艺与红肠基本相似，不同的是肥肉丁为0.25～0.4cm³方块，胡椒粒整个地拌在馅内。其色泽鲜艳，呈枣红色；肠内胡椒粒分布均匀，切面有光泽，香气扑鼻，味微辛而鲜香，不仅能刺激食欲，且有健胃之功效。

本实验要求掌握制作松江肠的工艺流程、操作要点及质量评价。

2.实验材料与设备

（1）材料与配方

① 原料　猪瘦肉38.5kg、脂肪8.5kg（规格为0.25～0.4cm³方块）。

② 配方（50kg肉馅）　淀粉2.0kg、胡椒粒70g、味精45g、桂皮粉25g、大蒜50g、硝酸钠25g、精盐1.75～2.0kg。

（2）仪器设备　刀具、砧板、台秤、不锈钢盆、线绳、绞肉机、拌馅机、斩拌机、灌肠机、蒸煮锅、烟熏箱、冷库。

3.工艺流程

原料肉的选择→切块→腌制→制馅→拌馅→灌制→烘烤→煮制→熏制→成品

4.操作要点

（1）原料肉的选择　原料肉必须是健康动物宰后的质量良好的并经兽医卫生检验合格的肉。最好用新鲜肉或冷却肉，也可以用冷冻肉，使用冷冻肉需提前一天缓化。

（2）切块　将选择好的原料肉剥去肉皮，修去肥油、筋头、血块、淋巴结等。将瘦肉按肌肉组织的自然块分开，顺肌纤维方向切成100～150g的小块。将猪膘去皮后，切成5～7cm长条，以备腌制用。

（3）腌制　每100kg原料加入3.5kg精盐、硝酸钠50g，混合盐磨细拌和均匀后，拌和在切好的肉块上，装入容器腌制2～3天。大规模生产时，须在5℃以内的条件下进行，待肉块切面变成鲜红色，且较坚实有弹性，无黑心时腌制结束。肥膘的腌制一般以带皮的大块肉膘进行腌制，也可腌去皮的脂肪块，用盐量为脂肪重量的3%～4%，将盐均匀地揉擦在脂肪上，然后移入10℃以下的冷库内，一层层地堆起，经3～5天脂肪坚硬，切面色泽一致即可使用。

（4）制馅

① 猪瘦肉绞碎　腌制后的猪瘦肉块，需要用绞肉机绞碎，一般用2～3mm孔径粗眼绞肉机绞碎，在绞碎时必须注意，由于与机器摩擦而温度升高，尤其在夏天更应注意，必要时须进行冷却。

② 脂肪切块　将腌制后的脂肪切成0.25～0.4cm^{3}的小块。脂肪切丁有两种方法：手工法和机械法。手工切丁是一项细致的工作，要有较高的刀工技术，才能切出正立方形的脂肪丁。机械切丁效率较高，但缺点是切的脂肪大小不匀，多数不成正立方体。另外，由于机械的摩擦生热，有脂肪熔化现象，影响产品的质量。

（5）拌馅　通常是将绞碎的猪肉、规定量的水以及其他调味料在拌馅机中混合，经 6～8min，水被肉充分吸收后，加入肥膘丁和淀粉，充分混合 2～3min，拌馅时间应以拌好的肉馅弹力好，保水性强，没有乳状分离，脂肪块分布均匀为宜，肉馅温度不应超过 10℃为宜。

（6）灌制　灌制前先将牛盲肠肠衣用温水浸泡，使用前用温水反复冲洗并检查是否有漏洞。灌制过程包括灌馅、捆扎和吊挂等工作。肉制品产一般都用灌肠机灌制。其方法是把肠馅倒入灌肠机内，再把肠衣套在灌肠机的灌筒上，开动灌肠机将肉馅灌入肠衣内，用绳扎好。灌肠机有两种，活塞式灌肠机和连续真空式灌肠机。灌制的松紧要适当，灌得过松煮后肠体出现凹陷变形，过紧则肉馅膨胀而使肠衣破裂。灌完后拧节，每节长为 18～22cm，每杆穿 10 对，两头用绳系住，如果不够对数要用绳子接起来。吊挂的灌肠互相之间不应紧贴在一起，以防烘烤时受热不均。另外，灌完上杆前要立即用针扎孔放气，防止煮制时肠衣破裂。

（7）烘烤　经晾干后的松江肠送进烟熏箱内进行烘烤，烤炉温度为 70～80℃，时间为 25～30min。经过烘烤的灌肠，肠衣表面干燥没有湿感，用手摸有沙沙声音；肠衣呈半透明状，部分或全部透出肉馅的色泽；烘烤均匀一致，肠衣表面无熔化的油脂流出。

（8）煮制　目前绝大多数的肉制品采用水煮法。煮制时待锅内水温升到 95℃左右时将肠下锅，以后水温保持在 85℃，水温如太低不易煮透；温度过高易将灌肠煮破，且易使脂肪熔化游离，待肠中心温度达到 74℃即可捞出，煮制时间一般为 30～40min。肠类制品煮制温度较低，这是由于香肠中大多数结缔组织已除去，肌纤维又被机械破坏，为此不需要高温长时间的熟制。

（9）熏制　将煮制好的松江肠均匀地挂到烟熏箱内，不挤不靠，各层之间相距 10cm 左右，最下层的灌肠距火堆 1.5m。一定要注意烟熏温度，不能升温太快，否则易使肠体爆裂，应采用梯形升温法，熏制温度为 35～55～75℃，熏制时间 8～12h。烟熏过程可除掉一部分水分，使肠干燥有光泽，肠体变为鲜红色，肠衣表面起皱纹，肠具有特殊的香味，并增加了防腐能力。

（10）成品　成品为半弯状，胡椒粒星星点点，分布在肠内，外观色泽枣红鲜艳，切面光泽油润，呈枣红色，肥肉丁分布均匀。

5.质量评价

（1）感官指标 肠衣（肠皮）干燥完整，并与内容物密切结合，坚实而有弹性，无黏液及霉斑；切面坚实而湿润，肉呈均匀的蔷薇红色，脂肪为白色；无腐臭，无酸败味。

（2）理化指标 亚硝酸盐含量（以$NaNO_2$计）$\leqslant 30mg/kg$。

6.思考题

（1）松江肠的拌馅时间如何确定？

（2）松江肠与哈尔滨红肠的区别。

（3）烟熏时的注意事项。

实验三 粉肠的加工

1.实验目的与要求

在中国北方，粉肠亦是指北京、河北、内蒙古及东北等地区流行的用淀粉糊混合猪五花肉或是猪瘦肉等作为馅料，并灌注在普通肠衣中蒸煮后晾干或是熏干而成的一种香肠制食品。产品呈浅青灰色，略见脂肪丝，切面有光泽和弹性，肉丝分布均匀，青白分明，软硬适度，味道鲜美。

本实验要求掌握制作粉肠的工艺流程、操作要点及质量评价。

2.实验材料与设备

（1）材料与配方 猪瘦肉275g、猪背肥膘75g、水600mL、食盐24g、干绿豆淀粉150g、复合磷酸盐1.25g、亚硝酸盐0.01g、大葱20g、鲜姜10g、白砂糖5g、花椒1.425g、异抗坏血酸钠0.001g、香油8g。

（2）仪器设备 刀具、砧板、台秤、不锈钢盆、绞肉机、斩拌机、自动和面机、灌肠机、蒸煮锅、熏锅、冷库。

3.工艺流程

原料肉的选择→绞碎→冷藏→粗斩拌肉糜→预糊化淀粉→混合馅料→
灌制→煮制→干燥→糖熏→冷却→成品

4.操作要点

（1）原料肉的选择　选择经卫生检疫合格的猪瘦肉和猪背肥膘为原料，剔除可见筋膜并清洗血污等杂质。

（2）绞碎　将猪瘦肉和猪背肥膘用绞肉机绞碎。

（3）冷藏　将绞碎的原料肉在4℃冰箱中冷藏过夜12h左右。

（4）粗斩拌肉糜　将猪瘦肉和猪背肥膘放入斩拌机中，高速斩拌3min（肉糜呈粗颗粒）后取出，置于4℃冰箱冷藏备用。

（5）预糊化淀粉　将干绿豆淀粉溶于1/3冷水，置于自动和面机中，使体系呈均匀分散的悬浊液，然后将剩余2/3的95℃热水缓慢加入上述悬浊液中，边加入边搅拌。

（6）混合馅料　将鲜姜和大葱混合打浆备用。持续搅拌预糊化后的淀粉，至其温度降低至48℃左右加入备用的猪粗肉糜，加入食盐、葱、姜、香油等香辛料以及异抗坏血酸钠和防腐剂并持续搅拌10min。

（7）灌制　将肉馅用灌肠机灌入猪肠衣内。灌装时要求均匀，使灌装后的肠可呈扁平状铺于操作台上，联结到所需长度，然后再盘绕起来。

（8）煮制　在恒温蒸煮锅中蒸煮，水温85℃，时间30min，测定肠体中心温度达到74℃时即可。

（9）糖熏　将白砂糖与潮湿木屑以1:1（质量比）在锡纸盒中（2cm×12cm×3cm）混合均匀，并将其置于烧红的铁锅底部，持续加热铁锅直至锡纸盒内白砂糖化开呈褐色且有烟产生，将干燥后的肉粉肠置于锅中铁架上，盖紧锅盖，熏制6min，至肠衣呈金黄色。

（10）冷却　将糖熏后的产品置于晾干架，冷却至室温后进行真空包装。

5.质量评价

（1）感官指标　肠衣（肠皮）干燥完整，并与内容物密切结合，坚实而有弹性，无黏液及霉斑，切面坚实而湿润，肉呈均匀的蔷薇红色，脂肪为白色，无腐臭，无酸败味。

（2）理化指标　亚硝酸盐含量（以$NaNO_2$计）≤30mg/kg。

6.思考题

（1）粉肠烟熏的目的。

（2）粉肠预糊化淀粉的方法。

（3）糖熏时间过长会有什么影响？

实验四　小肚的加工

1.实验目的与要求

小肚是黑龙江哈尔滨的汉族传统名菜，属于风味产品。小肚味鲜美，清香可口，入口爽利，易咀嚼。

本实验要求掌握制作小肚的工艺流程、操作要点及质量评价。

2.实验材料与设备

（1）材料与配方　猪瘦肉70kg、混合粉2.0kg、十三香0.2kg、白糖1kg、味素0.4kg、香油1kg、松仁0.5kg、食盐3.0kg、生姜2kg、大葱4kg、湿绿豆淀粉30kg、水55kg、异抗坏血酸钠0.1kg、亚麻籽胶0.1kg。

（2）仪器设备　刀具、砧板、台秤、不锈钢盆、线绳、绞肉机、拌馅机、蒸煮锅。

3.工艺流程

原料肉的选择→修整和切片→制馅→灌制→煮制→糖熏→成品

4.操作要点

（1）原料肉的选择　选择经兽医卫生检验合格的猪肉作为原料，也可使用部分牛肉。猪肉中脂肪含量不应超过20%，且以腿肉和臀肉为最好，因为这些部位的肌肉组织多，结缔组织少。

（2）修整和切片　剔除瘦肉中筋腱、血管、淋巴，然后将肉切成4～5cm长、3～4cm宽和2～2.5cm厚的小薄片。

（3）制馅　将猪肉大部分（2/3）切片，小部分绞碎，制馅时将把肉片、湿绿豆淀粉和全部辅料一并放入拌馅机内，加入清水溶解拌匀，搅到馅浓稠带黏性为止。

（4）灌制　灌制小肚要使用合格洗净的猪膀胱，手工装馅，灌装时不能灌满，灌入70%～80%的肉馅，然后排除气体用竹签别严，缝好肚皮口，抹净外表粘着的馅，再盛于容器之中，每个肚重量为500g左右。每灌3～5个以后将馅用手搅拌一次，以免肉馅沉淀。

（5）煮制 下锅前用手将小肚搓揉均匀，防止沉淀。煮制前先用清水冲洗一遍，水沸时入锅，保持水温85℃左右。入锅后每半小时左右扎针放气一次，把肚内油水放尽。并经常翻动，以免生熟不均。锅内的浮沫随时清出，煮到2h出锅。

（6）糖熏 熏锅或熏锅内糖和锯末的比例为3:1，即3kg糖，1kg锯末。将煮好的小肚将小肚稍晾一下，装入熏屉，间隔3～4cm，便于熏透熏均匀。熏制2～3min后出炉，晾凉后即为成品。

5.质量评价

（1）感官指标 外表呈棕褐色，烟熏均匀，光亮滑润；肚内瘦肉呈淡红色，淀粉浅灰；外皮无皱纹，不破不裂，坚实而有弹性；灌馅均匀，中心部位的馅熟透，无黏性，切断面较透明光亮；味鲜美，清香可口。

（2）理化指标 亚硝酸盐含量（以$NaNO_2$计）≤30mg/kg。

6.思考题

（1）小肚制作过程中为什么要使用绿豆淀粉？

（2）小肚灌制时的操作方法和注意事项。

（3）制馅过程中，如果馅过于黏稠，会出现什么问题？怎么控制？

实验五 茶肠的加工

1.实验目的与要求

茶肠又叫"茶伊斯"肠，与力道斯肠、依大连斯肠、油脂肠、肉泥肠、羊干肠等都是哈尔滨有名的西式肉灌制品，茶肠主要是嫩嫩的肉香味。

本实验要求掌握制作茶肠的工艺流程、操作要点及质量评价。

2.实验材料与设备

（1）材料与配方 瘦肉94kg、淀粉6kg、盐1.8kg、糖2kg、卡拉胶0.2kg、水22kg、白胡椒粉0.2kg、味素0.3kg、红曲米粉0.1kg、大蒜3kg。

（2）仪器设备 刀具、砧板、台秤、不锈钢盆、线绳、绞肉机、拌馅机、斩拌机、灌肠机、蒸煮锅、烟熏箱、冷库。

3.工艺流程

原料肉的选择→切块→腌制→制馅→灌制→烘烤→煮制→成品

4.操作要点

（1）原料肉的选择 原料肉必须是健康动物宰后的质量良好并经兽医卫生检验合格的肉。最好用新鲜肉或冷却肉，也可以用冷冻肉，使用冷冻肉需提前一天缓化。

（2）切块 将选择好的原料肉剔除皮、筋腱、结缔组织、淋巴结、腺体、软骨、碎骨等，然后将大块肉按生产需要切块。其中，瘦肉按肌肉组织的自然块分开，顺肌纤维方向切成100～150g的小肉块；肥肉的切块是将背部较厚的皮下脂肪自颈部至臀部按宽15～30cm割开，较薄的脂肪直接切成5～7cm长条。

（3）腌制 腌制过程使用食盐和硝酸盐，以达到提高肉的保水性、结着性，并使肉呈鲜亮颜色的目的。其中，瘦肉的腌制比例为：每50kg肉，食盐1.75～2.0kg，亚硝酸盐5g，磷酸盐0.2kg，抗坏血酸盐0.05kg。将腌料与肉充分混合进行腌制，腌制时间为3天，温度为4～10℃。脂肪的腌制比例为：用盐量为肉量的3%～4%，不加亚硝酸盐。腌制时间3～5天。腌制时要求室内整洁，阴暗不透阳光，空气相对湿度90%左右，温度在10℃以内，最好2～4℃，室内墙壁要绝缘，防止外界温度的影响。

（4）制馅 首先，将腌制好的瘦肉用绞肉机绞碎，绞成肉泥状。然后，将腌制后的脂肪切成0.7cm³的小块。之后开始拌馅。拌馅时先加入绞碎的瘦肉和调味料，搅拌一定时间后，加一定量的水继续搅拌，最后加淀粉和脂肪块。搅拌时间一般为6～10min。拌馅是在拌馅机中进行的，由于机械运转和肉馅的互相摩擦产生热，肉馅温度不断升高，因而在拌馅时要加入凉水或冰水，加水还可以提高出品率，且可在一定程度上弥补熏制时重量的损失。达到灌制要求的馅料状态是馅中没有明显肌肉颗粒，脂肪块、调料、淀粉混合均匀，馅富有弹性和黏稠性。

（5）灌制 肠衣为猪盲肠，也可用玻璃纸肠衣，使用猪盲肠灌制前需将肠衣用温水浸泡，使用前用温水反复冲洗并检查是否有漏洞。茶肠的灌制一般采用灌肠机。其方法是把肠馅倒入灌肠机内，再把肠衣套在灌肠机的灌筒上，开动灌肠机将肉馅灌入肠衣内。灌制的松紧要适当，过紧在煮制时由于体积膨胀使肠衣破裂，灌得过松煮后肠体出现凹陷变形。灌完后拧节，肠体直径为6cm，每根晾杆上悬挂10对，两头用绳系，如果不够对数要用绳子接起来。

（6）烘烤　经晾干后的茶肠送烟熏箱内进行烘烤，温度为70～80℃，时间为25～30min。经过烘烤的灌肠，肠衣表面干燥没有湿感，用手摸有"沙沙"声；肠衣呈半透明状，部分或全部透出肉馅的色泽；烘烤均匀一致，肠衣表面无熔化的油脂流出。

（7）煮制　目前绝大多数的肉制品采用水煮法。煮制时待锅内水温升到95℃左右时将红肠下锅，以后水温保持在85℃，水温如太低不易煮透；温度过高易将灌肠煮破，且易使脂肪熔化游离，待肠中心温度达到74℃即可捞出，煮制时间一般为60～90min。肠类制品煮制温度较低，这是由于香肠中大多数结缔组织已除去，肌纤维又被机械破坏，为此不需要高温长时间的熟制。

5.质量评价

（1）感官指标　肠衣（肠皮）干燥完整，并与内容物密切结合，坚实而有弹性，无黏液及霉斑；切面坚实而湿润，肉呈均匀的蔷薇红色，脂肪为白色；无腐臭，无酸败味。

（2）理化指标　亚硝酸盐含量（以$NaNO_2$计）≤30mg/kg。

6.思考题

（1）茶肠与哈尔滨红肠有什么区别？

（2）为防止煮制后肠衣破裂，灌肠时应注意什么？

实验六　西式乳化香肠的加工（以法兰克福香肠为例）

1.实验目的与要求

法兰克福香肠是典型的凝胶类肉制品，以新鲜或冷冻的畜、禽肉为主要原料经腌制、斩拌、乳化，灌入肠衣，再经高温蒸煮制成的灌肠肉制品。

本实验要求掌握制作法兰克福香肠的工艺流程、操作要点及质量评价。

2.实验材料与设备

（1）材料与配方 猪瘦肉1.25kg、肥肉0.625kg、碎冰0.625kg、食盐0.0375kg、亚硝酸盐0.1875g、复合磷酸盐10g、异抗坏血酸钠2.5g、白胡椒粉7.5g、肉豆蔻粉6.25g、红柿子椒粉6.25g、姜粉7.5g、味精1.25g、芫荽籽粉1.25g、食品胶适量。

（2）仪器设备 刀具、砧板、台秤、不锈钢盆、线绳、绞肉机、斩拌机、灌肠机、蒸煮锅、烟熏箱、冷库。

3.工艺流程

原料肉的选择→绞肉→冷藏→制馅→灌制→干燥→烟熏→蒸煮→冷却→成品

4.操作要点

（1）原料肉的选择 选择经兽医卫生检验合格的猪肉作为原料，剔除可见筋膜修整后进行清洗，洗去血污等杂质。瘦肉以腿肉和臀肉为最好，脂肪以背部的脂肪为最好。

（2）绞肉 用刀盘孔径为3mm的绞肉机分别将瘦猪肉和脂肪绞碎。如果脂肪是提前买好的，需要提前一天取出放在4℃冰箱解冻。

（3）冷藏 将绞碎的原料肉在4℃冰箱中冷藏过夜12h左右。

（4）制馅 将猪瘦肉、食盐、复合磷酸盐、亚硝酸盐以及50%重量的碎冰共同放入斩拌机中，高速斩拌3～5min；加入食品胶、香辛料、味精等辅料高速斩拌3～5min；加入脂肪（事先经3mm筛孔绞好）和剩余的碎冰，继续高速斩拌；在斩拌终点前加入异抗坏血酸钠，肠馅温度为12～14℃左右即达到斩拌终点。

（5）灌制 用灌肠机将肉馅灌入肠衣内（口径18mm的胶原蛋白肠衣）。灌装时，要求均匀、结实，联结到所需长度，然后再盘绕起来。

（6）干燥 在全自动一体化烟熏箱中干燥，箱温45℃，湿度0%，时间20min，风速2挡。

（7）烟熏 在全自动一体化烟熏箱中烟熏，箱温60℃，湿度0%，时间30min，风速2挡。

（8）蒸煮 在全自动一体化烟熏箱中蒸煮，箱温78℃，湿度60%，时间30min，风速2挡，测定肠体中心温度达到72～74℃时即可。

（9）冷却　肠体迅速从蒸煮箱中取出，放在冰水中浸泡，使肠体的中心温度迅速降低到30℃以下，捞出以后控干水分，迅速放入4℃成品间冷藏。冷藏10～12h以后，将肠体进行真空包装，之后继续4℃冷藏。此类产品在冷藏的环境下，保质期最多在15天左右。

5.质量评价

（1）感官指标　肠衣（肠皮）干燥完整，并与内容物密切结合，坚实而有弹力，无黏液及霉斑，切面坚实而湿润，无腐臭，无酸败味。

（2）理化指标　亚硝酸盐含量（以$NaNO_2$计）≤30mg/kg。

6.思考题

（1）斩拌时如何判断乳化肉糜已达到斩拌终点？

（2）如何提高乳化香肠的品质？

（3）斩拌时，为什么要最后加入异抗坏血酸钠？

实验七　猪肝肠的加工

1.实验目的与要求

猪肝肠是德国和荷兰的一种香肠，产品肉馅为酱红色，呈特别的猪肝口味。本实验要求掌握制作猪肝肠的工艺流程、操作要点及质量评价。

2.实验材料与设备

（1）材料与配方　猪肝25kg、冻猪油25kg、食盐1.25kg、亚硝酸钠7.5g、洋葱1.5kg、白胡椒0.2kg、豆蔻粉65g、白糖1.25kg、去壳鸡蛋7.5kg、熟猪油0.5kg。

（2）仪器设备　刀具、砧板、台秤、不锈钢盆、线绳、绞肉机、灌肠机、蒸煮锅、烟熏箱、冷库。

3.工艺流程

原料的选择与修整→腌肝→拌料→灌制→煮制→熏制→冷却→成品

4.操作要点

（1）原料的选择与修整　将新鲜猪肝除去脉管后切成小条，并放入90℃水中浸泡15min。

（2）腌肝　将猪肝、食盐及亚硝酸钠拌匀，在0℃下腌制48h。

（3）拌料　将洋葱切成丝，然后用熟猪油炒制，再与猪肝一起用绞肉机绞碎，与其他配料一起混合均匀。

（4）灌制　取牛的食道，用水浸泡，洗净后灌肠。

（5）煮制　将灌好的肠放在85℃水中煮45min，取出后在冷水中冷却。

（6）熏制　冷却的肝肠，在50℃烟熏室内烟熏5h左右，取出冷却后即为成品。

5.质量评价

（1）感官指标　产品肉馅为酱红色，味美可口。

（2）理化指标　亚硝酸盐含量（以$NaNO_2$计）≤30mg/kg。

6.思考题

（1）如何判断原料是否新鲜安全？

（2）加入洋葱的目的是什么？

（3）为什么要将新鲜猪肝放入90℃水中浸泡？

实验八　午餐肉的加工

1.实验目的与要求

午餐肉是一种罐装压缩肉糜，通常原料是猪肉或牛肉等。这种罐装食品方便食用，放进密封的罐中，也易于保存。

本实验要求掌握制作午餐肉的工艺流程、操作要点及质量评价。

2.实验材料与设备

（1）材料与配方　猪瘦肉80kg、猪肥瘦肉80kg、玉米淀粉11.5kg、冰屑19kg、白胡椒粉0.192kg、玉果粉0.058kg、维生素C 0.032kg。食盐3.136kg、白砂糖48g、亚硝酸钠16g。

（2）仪器设备　刀具、砧板、台秤、不锈钢盆、绞肉机、斩拌机、蒸煮锅、灭菌锅、冷库、充填机。

3.工艺流程

原料解冻→拆骨加工→切块→腌制→绞肉、斩拌、加配料→
真空搅拌→装罐→真空密封→杀菌、冷却→吹干、入库

4.操作要点

（1）拆骨加工　在拆骨加工过程中，前腿、后腿作为午餐肉的瘦肉原料。肋条、前夹心两者搭配作为午餐肉的肥瘦肉原料。将前、后腿完全去净肥膘，作为净瘦肉，严格控制肥膘，不超过10%肋条、前夹心允许存留0.5～1cm厚肥膘，多余的肥膘应去除。

（2）切块　经拆骨后加工的猪瘦肉分别切成3～5cm条块，送去腌制。

（3）腌制

① 腌制用混合盐配方　食盐98%，白砂糖1.5%，亚硝酸钠0.5%。

② 腌制方法　猪瘦肉和猪肥瘦肉分开腌制，100kg猪肉添加混合盐2kg，用拌和机均匀拌和，定量装入不锈钢桶或其他容器中，然后，送到0～4℃的冷库中，腌制时间为48～72h。

（4）绞肉、斩拌、加配料　腌制以后的肉进行绞碎，得到9～12mm的粗肉粒。瘦肉在斩拌机上斩成肉糜状，同时加入其他调味料，开动斩拌机后，先将肉均匀地放在斩拌机的圆盘中，然后放入冰屑、玉米淀粉、香辛料。斩拌时间3～5min。斩拌后的肉糜要有弹性，抹涂后无肉粒状。

（5）真空搅拌　将粗绞肉和斩拌肉糜均匀混合，同时抽掉半成品的空气，防止成品产生气泡、氧化作用及物理性胀罐。真空搅拌，真空度控制在67～80kPa，真空搅拌时间为2min。

（6）装罐　搅拌均匀后，即可取出送往充填机进行装罐。按罐型定量装入肉糜。

（7）真空密封、杀菌、冷却　装罐后立即进行真空密封，真空度为60kPa。密封后立即杀菌，杀菌温度121℃，杀菌时间按罐型不同，一般为50～150min。杀菌后立即冷却到40℃以下。

5.质量评价

（1）感官指标　无黏液及霉斑，切面坚实而湿润，无腐臭，无酸败味。

（2）理化指标　亚硝酸盐含量（以 $NaNO_2$ 计）≤30mg/kg。

6.思考题

（1）真空搅拌的目的是什么？

（2）如何提高午餐肉的品质？

（3）怎么判断斩拌后的肉糜是否斩拌好？

实验九　色拉米香肠的加工

1.实验目的与要求

发酵香肠（以色拉米香肠为例）是绞碎的瘦肉和动物脂肪同辅料混合接种菌体后灌入肠衣，经发酵、成熟干燥而制成的具有稳定微生物特性和发酵香味的肉制品。其中，最经典的发酵香肠是色拉米香肠。色拉米香肠是一种高级灌肠，流行于西欧各国，分生、熟两种。

本实验要求掌握制作色拉米香肠的工艺流程、操作要点及质量评价。

2.实验材料与设备

（1）材料与配方　牛肉70kg、猪肉15kg、肥膘15kg、白砂糖0.5kg、精盐3.5kg、朗姆酒0.5kg、玉果粉125g、白胡椒粉200g、亚硝酸钠15g、霉菌或酵母菌适量。

（2）仪器设备　刀具、砧板、台秤、不锈钢盆、线绳、绞肉机、蒸煮锅、灌肠机、烟熏箱、冷库。

3.工艺流程

原料肉的选择→腌制→绞碎、拌馅→灌制→接菌→发酵→烘烤→煮制→烟熏

4.操作要点

（1）原料肉的选择　瘦肉一般选择牛肉和猪肉，脂肪一般选猪背膘，将背膘微冻后，切成1cm见方的肉丁，入冷藏室（6～8℃）微冻24h。

（2）腌制　将牛肉和猪肉上的筋膜、脂肪修整干净，切成条状，混合在一起，撒上食盐和亚硝酸钠，在0～4℃下腌制24h，使其充分发色。

（3）绞碎、拌馅　将腌制好的瘦肉通过9mm孔板绞肉机绞碎倒入搅拌盘内，与其他辅料和冰水一起搅拌，搅拌好后与微冻后的肥肉丁充分混合。搅拌时间

根据产品要求的肉的颗粒度和终点温度（2℃）进行调节。

（4）灌制 选用牛的直肠衣，使用前用温水洗净，剪成45mm长的段，用线绳系住一端，将肠馅灌入，再把另一端系住，灌制时要求填充均匀，肠体松紧适度。

（5）接菌 一般选择接种霉菌或酵母菌。将霉菌或酵母菌的冻干菌用水制成发酵剂菌液，然后将香肠浸入菌液中。

（6）发酵 将香肠吊挂在30～32℃、相对湿度为80%～90%的发酵间内开始发酵，发酵时间为16～18h，至pH下降到5.3以下即可。

（7）烘烤 终止发酵后以65～80℃烤制1h左右。烤至表皮光滑干燥，肉馅呈绛红色为止。

（8）煮制 煮制时水温为95℃、时间1.5h，肠出锅时水温不得低于70℃。

（9）烟熏 烟熏条件为：烟熏温度60～65℃，先烟熏5h，然后间隔1h再烟熏，反复连续烟熏4～6次，烟熏时间、温度不变，12～14天即为成品。生色拉米香肠无须煮制可直接进行烟熏。

5.质量评价

（1）感官指标 肠体干爽结实有弹性，指腹按压无明显凹痕，具有产品的固有色泽，口味适中，香味醇厚，口感细腻，切片致密性好。

（2）理化指标 铅（Pb）含量≤0.5mg/kg，无机砷含量≤0.05mg/kg，镉（Cd）含量≤0.1mg/kg，汞（Hg）含量≤0.05mg/kg，亚硝酸盐含量≤30mg/kg，过氧化值≤0.025g/kg。

6.思考题

（1）如何判断发酵终点？
（2）烟熏的目的是什么？
（3）为什么接菌时选用霉菌或酵母菌？

实验十 夏季香肠的加工

1.实验目的与要求

夏季香肠是一种发酵肉制品，通常经过粗磨，以保持其肌肉和脂肪组织独特的结构完整性。通常以碎鸡肉为原料，使用鸡颈和背部，加入不同比例的碎牛肉和手工脱骨碎鸡肉。

本实验要求掌握制作夏季香肠的工艺流程、操作要点及质量评价。

2.实验材料与设备

（1）材料与配方　原料肉1.5kg、食盐45g、葡萄糖15g、胡椒粉3.75g、亚硝酸钠0.15g、大蒜粉0.225g、酿酒酵母发酵剂。

（2）仪器设备　刀具、砧板、台秤、不锈钢盆、线绳、绞肉机、蒸煮锅、灌肠机、烟熏箱、冷库。

3.工艺流程

$$原料肉的选择 \rightarrow 腌制 \rightarrow 绞碎、拌馅 \rightarrow 接菌 \rightarrow 灌制 \rightarrow$$
$$发酵 \rightarrow 烘烤 \rightarrow 烟熏 \rightarrow 成品$$

4.操作要点

（1）原料肉的选择　原料肉必须是健康动物宰后的质量良好并经兽医卫生检验合格的肉。最好用新鲜肉或冷却肉，也可以用冷冻肉，使用冷冻肉需提前一天缓化。一般选择牛肉和鸡肉，包括绞肉机处理后的鸡颈背肉（碎鸡肉）、碎牛肉，以及离心后的碎鸡肉。

（2）腌制　将原料肉的筋膜、脂肪修整干净，切成条状，撒上食盐和亚硝酸钠，在0～4℃下腌制24h，使其充分发色。

（3）绞碎、拌馅　将腌制好的鸡肉、牛肉通过绞肉机绞碎，部分碎鸡肉在23000r/min下离心15min得到离心碎鸡肉。

牛肉与鸡肉1:1倒入搅拌盘内，与其他辅料一起搅拌，搅拌时间根据产品要求的肉的颗粒度和终点温度（2℃）进行调节。

（4）接菌　搅拌好的乳化肉糜静置2min，加入酿酒酵母发酵剂。

（5）灌制　选用动物肠衣，使用前用温水洗净，剪成45mm长的段，用线绳系住一端，将肠馅灌入，再把另一端系住，灌制时要求填充均匀，肠体松紧适度。

（6）发酵　香肠在37℃下发酵，直至pH为4.8～5.0。

（7）烘烤　终止发酵后烟熏箱温度设置为65℃，加热至香肠内部温度为

60℃。

（8）冷却　加热结束后，香肠用冷水浸泡，使香肠温度下降至50℃，后置于4℃下保存。

5.质量评价

（1）感官指标　肠体干爽结实有弹性，指腹按压无明显凹痕，具有产品的固有色泽；口味适中，香味醇厚，口感细腻，切片致密性好。

（2）理化指标　亚硝酸盐含量≤30mg/kg。

6.思考题

（1）夏季香肠与色拉米有什么区别？

（2）接菌前静置2min的目的是什么？

（3）为什么叫夏季香肠？

实验十一　哈尔滨风干肠的加工

1.实验目的与加工

哈尔滨风干肠归是我国北方传统的发酵肉制品，颜色红润富有光泽，肉质细腻有咀嚼感，具有腊味制品特有的风味，深受大众喜爱。

本实验要求学会制作哈尔滨风干肠，并掌握技术要点和质量评价。

2.实验材料与设备

（1）材料与配方　新鲜猪肉后腿肉90kg、背膘10kg、白砂糖1kg、味精0.3kg、食盐2.5kg、玉泉大曲1kg、姜粉0.5kg、马铃薯淀粉0.5kg、冰水混合物5kg、混合香辛料8kg、亚硝酸钠9g。

（2）仪器设备　绞肉机、拌馅机、灌肠机、不锈钢盆、刀具、猪小肠衣、线绳、蒸煮锅。

3.工艺流程

选料→绞肉→制馅→灌肠→烘烤→发酵成熟→捆把→煮制→成品。

4.操作要点

（1）选料　选择经卫生检疫合格的新鲜猪肉为原料。

（2）绞肉　将猪后腿肉和背膘分别用筛孔直径为1.5cm的绞肉机绞碎。

（3）制馅　将绞好的肉放入拌馅机内，加入辅料，搅拌均匀即可。

（4）灌肠　猪小肠肠衣用清水洗净。将腌好的馅料放入手动灌肠机中，肠衣直径1.5cm。要控制好灌肠力度，力度过小会使肠体松弛无坚实感，力度过大容易撑破肠衣。灌后用手适度微调肠体，使各部分均匀，然后裁成每根长18cm。

（5）烘烤　将灌好的肠置于烘箱中烘烤。烘烤时，烘箱温度控制住40℃左右，过高，会使肠内脂肪熔化，表面流油，颜色发暗，影响产品品质；过低，水分完全排出所需时间延长，容易变质。时间为12h。

（6）发酵成熟　烘烤完的产品置于阴凉通风处发酵10天左右。温度20℃，相对湿度为75%。

（7）捆把　将风干后的香肠取下，按每6根捆成一把。

（8）煮制　食用前用温水洗去肠体表面污物，待水烧沸后，煮15min捞出，冷却后即为成品。

5.质量评价

（1）感官评价　肠体完整、干燥，肌红脂白，咸甜适中，具有风干肠特有的滋气味，无异味，无肉眼可见的异物。

（2）理化指标　水分≤40g/100g；氯化物（以NaCl计）≤3.5g/100g；蛋白质≤25g/100g；脂肪≤25g/100g。

6.思考题

（1）哈尔滨风干肠食用前为什么要蒸煮？

（2）如何看待成品高盐分可能对人体造成的伤害？

实验十二　枣肠的加工

1.实验目的与要求

枣肠，又称肉枣，色泽红润，肉质细腻，咸甜可口，风味宜人，形状和色泽酷似红枣。

本实验要求学会制作枣肠，并掌握技术要点和质量评价。

2.实验材料与设备

（1）材料与配方　以100kg猪后腿瘦肉为标准：食盐2.5kg、白砂糖6kg、60°大曲酒1.5kg、味精0.15kg、硝酸盐20g、冰水混合物5kg。

（2）仪器设备　刀具、砧板、灌肠机、斩拌机、烘箱、钢架、大盆、保鲜膜、蒸煮锅、细线。

3.工艺流程

选料与切割→斩拌→腌制→灌肠→结扎排气→烘烤→发酵→蒸制→冷却→成品。

4.操作要点

（1）选料与切割　选择经卫生检疫合格的新鲜猪后腿肉，去皮、骨、筋膜后，将15%的精瘦肉切成1cm³大小的丁。

（2）斩拌　剩下的精瘦肉用斩拌机斩成肉糜。斩拌前先将一半冰水混合物倒入一起斩拌，中途将剩下的冰水混合物加入继续斩拌，待瘦肉斩成肉糜即可。

（3）腌制　将肉糜和肉丁混合均匀，同时加入食盐、白砂糖、60°大曲酒、味精、硝酸盐等辅料，沿顺时针方向搅拌，使辅料与精瘦肉充分混合。罩上保鲜膜于4℃下腌制12h。

（4）灌肠　仪器选择手动灌肠机，肠衣使用猪小肠。将腌好的馅灌入肠衣中，灌肠时注意肠体紧实度，不宜太紧，手捏肠体有八成坚实感即可。

（5）结扎排气　灌好的肠每隔3cm用细线结扎，完事后用针刺每节小肠的底部，排出气泡。

（6）烘烤　结扎后的肠体用清水洗净表面污垢后，挂至钢架上送入烘箱烘烤。烘前烘箱内温度要达到60℃。然后将肠送入，烘烤30min，之后使烘箱内温度降到55℃，持续24h，排去肠内湿气。整个烘烤过程中，烘箱内湿度≤75%。

（7）发酵　肠烘好后，冷却至室温，然后置于钢架上，在干燥通风的室内发酵一周。

（8）蒸制　完成发酵后的肠置于蒸屉内，利用蒸汽加热30min，取出冷却后即为成品。

5.质量评价

（1）感官指标　形似红枣，颗粒大小均匀，无斑点；呈灰红色；肉质紧实有弹性，味道鲜美，具有枣肠应有的滋气味，无异味。

（2）理化指标　水分≤50g/100g；氯化物（以NaNCl计）≤5g/100g；亚硝酸盐残留量（以NaNO$_2$计）≤30mg/kg；过氧化值（以脂肪计）≤0.5g/100g。

6.思考题

（1）枣肠烘烤时有哪些技术操作要点？

（2）如何提高枣肠的品质，如氧化变质问题？

第四节　酱卤制品加工

实验一　盐水鸭的加工

1.实验目的与要求

南京盐水鸭是江苏省南京市著名地方传统特产，至今已有两千多年历史。南京盐水鸭一年四季均可生产，它的特点是腌制期短，复卤期也短，现做现售。盐水鸭表皮洁白，口味鲜美，营养丰富，细细品味时，有香、酥、嫩的口感。

本实验要求掌握制作南京盐水鸭的工艺流程、操作要点及质量评价。

2.实验材料与设备

（1）材料与配方　瘦肉型育肥仔鸭1只（重约2kg）。

配料标准：以每100kg光鸭为标准，食盐6.25kg、八角250g、花椒100g、五香粉50g、香叶10g，葱、姜、黄酒、味精适量。

（2）仪器设备　刀具、砧板、台秤、竹管、腌制缸、蒸煮锅、电磁炉、水桶。

3.工艺流程

原料选择→宰杀→整理→腌制→烘烤→煮制→成品

4.操作要点

（1）原料选择、宰杀与整理　选用体重2kg左右的肥嫩活鸭，宰杀放血，用热水拔毛后，切去翅膀和脚爪，右翅下开膛，取出全部内脏，用清水冲净体内外，再放入冷水中浸泡30～60min，去除体内的血水，最后挂起晾干待腌。

（2）腌制　先干腌后湿腌。首先，按照配方将食盐炒热，放入八角、花椒、香叶、五香粉等继续炒热，将其稍微冷却后涂擦鸭体内腔和体表，用盐量约为光鸭重量的1/16，擦后堆码腌制2～4h。冬春时间长些，夏秋时间短些。然后复卤，将食盐（5kg）、水（30kg）、葱、姜、八角、黄酒、味精适量，混合后煮沸，冷却至室温即为新卤液。新卤液使用过程中经煮沸2～3次即为老卤。复卤时将鸭体内灌满卤液，卤制2～3h即可出缸，沥干水分。

（3）烘烤　将腌好的鸭体逐只挂于架子上，送至烘房内，温度控制在40～50℃范围内，时间20～30min，至鸭体干燥起皱即可取出散热。

（4）煮制　将适量的辅料（葱、姜、八角）放入水中煮沸，然后将鸭放入沸水中，然后提起鸭头将鸭腹腔内的汤水倒出，再把鸭放入沸水中，使鸭腹腔内灌满汤水，重复2～3次，焖煮20min左右，锅中水温控制在85～190℃，提鸭倒汤，再入锅焖煮20min左右后，再次提鸭倒汤，焖煮5～10min，待鸭熟后即可出锅。

5.质量评价

（1）感官指标　产品呈淡白色；肉质细嫩、湿爽、致密而结实，切面平整；具有独特的盐水鸭香味，无异味；滋味醇厚，清香可口，回味悠长。

（2）理化指标　水分≤50%；蛋白质含量≥10%；镉（Cd）≤0.1mg/kg；总汞（以Hg计）≤0.05mg/kg。

（3）微生物指标　菌落总数≤50000CFU/g；大肠杆菌≤90MPN/100g；致病菌（沙门菌、金黄色葡萄球、志贺菌）不得检出。

6.思考题

（1）南京盐水鸭有什么特点？

（2）什么是"提鸭倒汤"，如何操作？

（3）煮制过程中需要注意哪些问题（如煮制的时间和煮制的温度）？

实验二 白切肉的加工

1. 实验目的与要求

白切肉，源于中国上海市，为上海传统乡土菜，属于本帮菜，以猪肉为主要食材。白切肉肥肉呈白色，瘦肉呈微红色，肉香清淡，皮薄肉嫩，肥而不腻，易切片成型。

本实验要求掌握制作白切肉的工艺流程、操作要点及质量评价方法。

2. 实验材料与设备

（1）材料与配方 肥瘦适宜的优质猪肉（约 1kg）。

配料标准：以 1kg 肉重计，食盐 120g、硝酸钠 0.4g、葱 20g、姜 5g、黄酒 10g。

（2）仪器设备 刀具、砧板、台秤、腌制缸、蒸煮锅、电磁炉、水桶。

3. 工艺流程

原料选择与整理→腌制→煮制→冷却→保藏

4. 操作要点

（1）原料选择与整理 选用新鲜、肥瘦适度的优质猪肉（取用后臀尖部位），去皮洗净，修整成规整的方形。将修整好的肉块冷水入锅，煮开后撇去浮沫，将肉块捞出，沥干水分备用。

（2）腌制 按 1kg 肉重计，用 120g 食盐和 0.4g 硝酸钠配制成腌制剂，然后将其揉擦于肉坯表面，放入腌制缸中，腌制 5 ～ 7 天。在腌制过程中翻动数次，以便腌制均匀。

（3）煮制 将腌制好的肉块放入蒸煮锅中，加入清水、葱 20g、姜 5g、黄酒 10g，煮沸 1h 后即可出锅。

（4）冷却、保藏 煮熟后的肉冷却后可鲜销，也可于 4℃冷藏保存。

5. 质量评价

产品肥瘦相间分布均匀，肥肉呈白色，瘦肉呈微红色；肉质细嫩，皮薄肉嫩，切面平整；肉香清淡，具有独特的白切肉香味，无异味。

6.思考题

（1）与盐水鸭相比，白切肉有哪些异同点？

（2）白切肉中的哪些操作要点主要起到了保持住肉中的原汁原味的作用？

（3）白切肉如何煮制才会嫩？

实验三　酱牛肉的加工

1.实验目的与要求

酱牛肉是一种味道鲜美、营养丰富的酱肉制品，它的种类很多，深受消费者欢迎，尤以北京月盛斋的酱牛肉最为有名。酱牛肉的传统加工方法煮制时间长、耗能多且产品出品率低。现代工艺多采用盐水注射和真空滚揉的快速腌制、低温熟制、真空包装、高温杀菌等方法，使得肉制品的肉质鲜嫩、风味独特且出品率大大提高。产品表面光亮，肉质鲜嫩，风味独特，软硬适中，出品率可高达70%。

本实验要求掌握制作酱牛肉的工艺流程、操作要点及质量评价。

2.实验材料与设备

（1）材料与配方　以检验合格的鲜牛肉为原料（重约2kg）。

配料标准：以每2kg牛肉为标准，食盐60g、白糖20g、姜40g、葱20g、山楂8g、枸杞6g、山药6g、草果4g、八角4g、花椒3g、桂皮2g、丁香0.8g、肉豆蔻1g、酱油适量。

（2）仪器设备　刀具、砧板、台秤、不锈钢盆、蒸煮锅、电磁炉、水桶、不锈钢托盘。

3.工艺流程

原料选择与整理→盐水注射→滚揉腌制→煮制→冷却→真空包装→
高温杀菌→冷却、检验→成品

4.操作要点

（1）原料选择与整理　选择经卫生检验合格的优质牛肉，常选用牛腱子肉，剔除表面脂肪、淋巴以及血污，洗净切成0.3～0.4kg的肉块。

（2）盐水注射　将适量的食盐、花椒、桂皮、肉豆蔻和八角等腌料配制成盐水溶液，充分搅拌均匀后，过滤后备用。根据产品特点或者消费者需求调整腌料或者添加其他配料。利用盐水注射器将盐水注入到肉块中。

（3）滚揉腌制　将注射后的牛肉块放入滚揉机中，滚揉转速一般控制在8r/min，温度控制在3～5℃，滚揉时间40min/h，间歇时间20min/h，总处理时间14～18h。通过滚揉，使得肉块变得松弛，利于腌料的渗透和扩散，促进可溶性蛋白的溶出，提高肉的保水性以及嫩度。

（4）煮制　煮制在夹层锅中操作。先将各种香辛料装入双层纱布中作为料包，于水中煮沸后保温1h，制备风味浓郁的老汤。将滚揉好的肉块放入夹层锅中，加入食盐和白糖，焖煮30min后撇去浮沫，再加入酱油，85～90℃保温2h。出锅前根据个人口味加入适量酒和味精，增强肉的鲜香味。

（5）冷却、真空包装　煮熟后的牛肉捞出放置在不锈钢托盘中，冷却至室温后将肉块放入真空包装袋中进行真空包装。每个包装袋中，肉块约占包装袋总体积的2/3。

（6）高温杀菌　将包装好的肉块放入100℃的锅中，蒸煮15～20min。杀菌参数可根据产品的保质期、袋装量以及生产的卫生情况而定。

（7）冷却、检验　高温杀菌后，将制品在4℃的环境下冷却24h，使其温度达到4℃。

5.质量评价

（1）感官指标　色泽酱红色，肉块大小均匀整齐，味道鲜美，无异物附着。

（2）理化指标　食盐含量为1.8%～2.5%。

（3）微生物指标　菌落总数≤10000CFU/g；大肠杆菌≤50MPN/100g；致病菌（肠道致病菌及致病性球菌）不得检出。

6.思考题

（1）预煮的目的和作用是什么？

（2）盐水注射怎样操作才能使注射更均匀？

（3）滚揉腌制与普通腌制相比有哪些优势？

实验四　酱鸭的加工

1.实验目的与要求

酱鸭是中国江浙一带的一种特色名吃，属于浙菜系，流行于浙江省、上海市与江苏省苏南地区。酱鸭皮黑肉嫩、醇厚不腻、香鲜美味，具有香、甜、酥、嫩的特点。

本实验要求掌握制作酱鸭的工艺流程、操作要点及质量评价。

2.实验材料与设备

（1）材料与配方　符合国家有关兽医卫生规定及国家食品原料标准的白条鸭一只（重约1.5kg）。

配料标准：以重约1.5kg的白条鸭为标准，京葱20g、姜片20g、肉桂20g、茴香13g、红曲米8g、冰糖130g。白酱、食盐、麻油、酱油、黄酒各适量。

（2）仪器设备

刀具、砧板、台秤、不锈钢盆、腌制缸、蒸煮锅、电磁炉、水桶、不锈钢托盘、竹架、石块、手勺、细麻绳。

3.工艺流程

原料选择→清洗→腌制→煮制→冷却→真空包装→杀菌→冷却保藏

4.操作要点

（1）原料选择与清洗　酱鸭原料表面可有少量小面积淤血和小黑斑，毛净度好。鸭空腹宰杀，洗尽后在肛门处开膛挖出内脏，除去气管、食管，再洗尽后斩去鸭掌，用小铁钩钩住鼻孔，浸在酱油里，挂在通风处晾干。

（2）腌制　将食盐在鸭身外均匀地擦一遍，再在鸭嘴、宰杀开口处内各塞入5g拌料，将鸭头扭向胸前夹入右腋下，平整地放入腌制缸内，上面用竹架架住，大石块压实，在0℃左右的气温下腌12h即出缸，倒尽肚内的卤水。再将鸭放入腌制缸内，加入酱油以浸入为度，再放上竹架，用大石块压实，在气温0℃左右浸24h将鸭翻身，再过24h出缸。然后在鸭鼻孔内穿细麻绳一根，两头打结，再用50cm长的竹子，弯成弧形，从腹部刀口处放入肚内，使鸭腔向两侧撑开。

（3）煮制 将腌过的酱油放入锅中，再加入酱油添加量50%的水，煮沸后去掉浮沫，将鸭放入，用手勺将卤水不断浇淋鸭身，至鸭成酱红色时捞出沥干，在日光下晒2～3天即成。

（4）冷却、真空包装 将晒至成熟的酱鸭煮取下放置在不锈钢托盘中，冷却至室温后对鸭趾关节部位的骨根进行修剪，而后分切鸭体，将肉块放入真空包装袋进行真空包装。每个包装袋中，肉块约占包装袋总体积的2/3。

（5）杀菌 将包装好的肉块放入杀菌锅中，以产品表面温度达到95℃时开始计时，杀菌温度105℃，压力0.1MPa，时间为15min。

（6）冷却保藏 杀菌时间结束后，迅速将产品放水槽内降温，将产品温度降至水温，方可捞出，同时检查是否漏气，将制品在4℃的环境下冷却24h，使其温度达到4℃。

5.质量评价

（1）感官指标 产品外观呈均匀酱红色，油润光亮，色泽鲜明，肌肉呈鲜红色或暗红色，脂肪透明或呈乳白色；肉身干爽、结实、弹性强；有天然香辛料芳香，具有独特的酱香风味，无异味；滋味醇厚，干香可口，回味悠长。

（2）理化指标 水分≤55%；蛋白质含量≥10%；砷（以As计）≤0.05%；铅（以Pb计）≤0.5%。

（3）微生物指标 细菌总数≤500CFU/g；大肠菌群≤400MPN/100g；致病菌（肠道致病菌和致病性球菌）不得检出。

6.思考题

（1）盐腌和酱腌的区别与作用是什么？
（2）提高酱鸭的出品率的关键操作要点是什么？
（3）酱鸭的制作过程中是如何上色、保色的？

实验五　烧鸡的加工

1.实验目的与要求

烧鸡是一大类禽类酱卤制品，道口烧鸡是最典型的产品之一，是河南滑县道口镇传统的风味佳肴，至今已有300多年的历史。经过不断的技术更新，道口烧鸡已成为我国著名的特产。

本实验要求掌握制作烧鸡的工艺流程、操作要点及质量评价。

2.实验材料与设备

（1）材料与配方　经卫生检验合格的健康原料土鸡（1只鸡重约1.5kg）。

配料标准：以每100只鸡为标准，食盐3kg、桂皮90g、白芷90g、良姜90g、陈皮30g、草果30g、砂仁15g、豆蔻15g、硝酸钠75g。

（2）仪器设备　刀具、砧板、台秤、蒸煮锅、炸锅、电磁炉、水桶、刷子、不锈钢托盘、温度计、专用鸡叉或筷子。

3.工艺流程

原料选择→宰杀→造型→油炸→煮制→出锅→冷却→成品

4.操作要点

（1）原料选择　一般选择生长半年以上、两年以内，重量为1～1.25kg的健康土鸡，最好是雏鸡和肥母鸡。不建议选择肉用仔鸡和老母鸡，否则因鸡龄太小或者太大影响肉品风味。

（2）宰杀　选择切断三管法放血，宰杀切口要小。宰杀完成后放入65℃左右热水中浸泡2～3min，取出迅速拔毛，切去鸡爪，取出内脏，割去肛门，体腔和口腔清洗干净。

（3）造型　将鸡身放在操作台上，腹部朝上，按住鸡身，用刀将肋骨切开，取一束适当长度的高粱秆（20～30cm）撑开鸡腹，两腿交叉入刀口内，两翅交叉插入口腔，使鸡体成两头尖的半圆形。然后用清水冲洗，吊挂沥水，彻底去除表皮水分以待油炸。

（4）油炸　将蜂蜜（饴糖）和水以3:7的比例配制成蜂蜜水，均匀地涂抹在晾挂后的鸡体表身，晾干后放入150～160℃的植物油翻炸30～60s，鸡体呈柿黄色时捞出，凉透。值得注意的是油炸温度应严格控制，且不能破皮。温度太低，鸡体不易上色；温度太高，容易焦化。

（5）煮制　将油炸好的鸡体按照鸡大小、老嫩顺序整齐码好，加入老汤，并按照比例加入食盐以及香辛料，用竹篾压住鸡身，使液体表面高出鸡身2cm左右。卤煮时，先用旺火烧开，沸腾后加入适量硝酸钠以促使鸡色鲜艳，然后改用文火，90～95℃焖煮3～4h。具体焖煮时间随季节、年龄、体重决定。一般母鸡4～5h，公鸡2～4h，雏鸡1.5～2h。

（6）出锅 熟制后立即出锅。注意的是出锅前应小心操作，先将汤表面的浮油捞出，然后用专用鸡叉、筷子等工具将鸡捞出，保持鸡身不破不散。另外，出锅前可以用鸡汤冲洗鸡身，这样使得烧鸡的颜色和光泽更加鲜艳。出锅经冷却包装后即为成品。

5.质量评价

（1）感官指标 产品色泽浅红，微带黄色，油润光亮；鸡皮不烂不裂，外形完整，无绒毛，肉质鲜嫩，烂熟脱骨；具有浓郁的香味，无异味；滋味醇厚，清香可口，回味悠长。

（2）理化指标 水分≤70%；蛋白质含量≥15%；亚硝酸盐（以$NaNO_2$计）≤30mg/kg。

（3）微生物指标 菌落总数≤10000CFU/g；大肠杆菌≤50MPN/100g；致病菌（沙门菌、金黄色葡萄球、志贺菌）不得检出。

6.思考题

（1）为什么在煮制时加入亚硝酸盐会影响烧鸡的色泽？

（2）控制油炸温度的作用是什么？

实验六 扒鸡的加工

1.实验目的与要求

扒是我国烹调的主要技法之一，扒的制作过程较为复杂，一般要经过两种以上方式的加热处理。首先将原料放开水中烧滚，除去血腥和污物，再挂上酱色入油锅中烹炸，炸后用葱姜炝锅，加上调料和高汤，加入原料后旺火烧开，用中小火焖透，然后勾芡翻勺倒入盘内。德州扒鸡是典型的扒鸡产品。

本实验要求掌握制作扒鸡的工艺流程、操作要点及质量评价。

2.实验材料与设备

（1）材料与配方　经卫生检验合格的健康原料土鸡（1只重约1.5kg）。

配料标准：以每15kg鸡为标准，食盐350g、花椒5g、八角10g、陈皮5g、草蔻5g、桂皮13g、山柰7g、草果5g、白芷12g、丁香2.5g、肉豆蔻5g、砂仁1g、茴香5g、姜25g、酱油400g。

（2）仪器设备　刀具、砧板、台秤、蒸煮锅、油炸锅、电磁炉、水桶、刷子、铁钩、汤勺、漏勺、石块。

3.工艺流程

原料选择→宰杀→整形→烹炸→焖煮→出锅

4.操作要点

（1）原料选择　最好选取当年生的1～1.5kg的鸡。

（2）宰杀　活鸡从颈部宰杀放血，用65℃左右的热水烫，煺掉鸡毛，剥净腿、嘴、爪的老皮，然后从臀部剖开，摘去内脏，沥净血水，用清水冲洗。

（3）整形　将冲洗干净的鸡身放置在操作台上，两腿交盘至肛门内，双翅向前由颈部切口处伸进，从口腔内交叉盘出，形成卧体含双翅形态，造型优美。然后再用清水冲洗，吊挂沥水，彻底去除表皮水分以待油炸。

（4）烹炸　将鸡盘好，晾透，涂上用白糖或蜂蜜熬制成的糖色，放入烧沸的油锅内，烹炸1～2min，待鸡体变为金黄透红即刻捞出。

（5）焖煮　将油炸好的鸡体和香辛料一同放入锅中，放老汤和新汤各半，以淹没鸡体为度，压上石块防止鸡体滚动。煮时用旺火煮，微火焖，浮油压气，雏鸡焖煮6～8h，老鸡焖煮8～10h，直至煮烂为止。

（6）出锅　出锅时，先加火把汤煮沸，取下石块，利用肉汤沸腾和浮力，手持铁钩和汤勺，顺势将鸡捞出。出锅动作要敏捷，并按照鸡的排列，用钩子钩住头部，轻提到漏勺内，平稳端出。要防止脱皮、掉头、断腿，力求鸡体完整，出锅后的鸡即为成品。

5.质量评价

产品色泽透红，微带黄色，油润光亮；鸡皮不烂不裂，外形完整，无绒毛，烂熟脱骨；具有浓郁的香味，无异味；滋味醇厚，清香可口，回味悠长。

6.思考题

（1）与烧鸡相比，扒鸡的油炸有什么不同之处？

（2）烧鸡操作工艺中焖煮的作用是什么？

（3）焖煮过程中有哪些需要注意的地方（如焖煮的时间、汤头比例等）？

实验七　苏州糟肉的加工

1.实验目的与要求

我国一些地区有酿酒的习俗，将糯米蒸熟，冷却后加入麦曲，放入酒缸内发酵制备米酒，将酒汁过滤剩下的是酒糟。将酒糟与熟制后的肉放在一起，糟醉制备的产品为糟肉。糟肉一般以猪肉为原料，产品具有独特的糟香味，醇厚柔和，皮黄肉红，鲜嫩酥软，肥而不腻，鲜美可口。

本实验要求掌握制作苏州糟肉的工艺流程、操作要点及质量评价。

2.实验材料与设备

（1）材料与配方　皮薄肉嫩的猪腿肉、猪肋排（重约2kg）。

配料标准：以每100kg猪肉为标准，酒糟5kg、食盐1～2kg、白糖1kg、葱2kg、姜2kg、黄酒1.5kg、五香粉0.5kg。

（2）仪器设备　刀具、砧板、台秤、蒸煮锅、电磁炉、水桶、汤勺、漏勺。

3.工艺流程

选料与整理→煮制→制卤汁→制糟卤→糟制→包装→杀菌→成品

4.操作要点

（1）选料与整理　选择皮薄肉嫩的猪腿肉、猪肋排，斩成长方形肉块，然后去除杂毛，清洗干净。

（2）煮制　将肉块放入锅中，加入适量食盐以及水，加热至沸腾后煮制1h左右，直到骨头容易抽出为止取出，剔除骨头。

（3）制卤汁　将煮制后的汤中的浮油和杂质撇去，过滤。滤液中加入白糖、食盐、葱、姜以及五香粉等辅料，搅拌均匀后煮制沸腾，然后冷却至室温。

（4）制糟卤　将酒糟边搅拌边加入黄酒和卤汁，搅拌均匀，没有结块就可停止。将酒糟过滤，收集卤液。

（5）糟制　将煮制好的肉放入锅中，倒入糟卤没过肉面，密封，低温下放置4～6h，即为成品。

5.质量评价

产品色泽皮黄肉红，油润光亮；肉质细嫩、湿爽、致密而结实，切面平整；具有独特的糟香味，醇厚柔和，鲜嫩酥软，肥而不腻，鲜美可口。

6.思考题

（1）与其他酱卤制品相比，苏州糟肉最大的不同之处是什么？

（2）酒糟在糟肉的生产中起到了哪些作用？

第五节　干肉制品加工

实验一　肉干的加工

1.实验目的与要求

肉干是以肉（主要为瘦肉）为原料，切成规格大小统一的肉片，加入食盐、香辛料等调味料，经初煮、加料复煮、烘烤、包装等步骤加工成的传统肉制品。

本实验要求掌握制作肉干的工艺流程、操作要点及质量评价。

2.实验材料与设备

（1）材料与配方　以每100kg去除脂肪、筋膜和筋腱的猪后腿肉为标准：白砂糖18kg、酱油8kg、食盐1kg、味精1kg、山梨酸钾0.2kg、复合磷酸盐0.1kg、异抗坏血酸钠50g、红色六号食用色素10g。

（2）仪器设备 刀具、砧板、台秤、不锈钢盆、不锈钢托盘、热风干燥机、烘箱、真空包装机。

3.工艺流程

原料的选择→预处理→切片→腌制→干燥→烘烤→包装→成品

4.操作要点

（1）原料的选择 选用经过兽医卫生检验合格的猪后腿肉为原料。

（2）预处理、切片 剔去全部脂肪、筋膜和筋腱，修割整齐，处理好的原料肉经-10℃冻结后切成厚3～5mm的薄肉片。

（3）腌制 按上述配料标准先把白砂糖、食盐、味精、复合磷酸盐、山梨酸钾、异抗坏血酸钠和红色六号食用色素倒入容器中，然后再加酱油，使固体腌制料和液体调料充分混合拌匀，并完全溶化后，把切好的肉片放进不锈钢盆中，随即翻动，使每片肉都与腌制液接触，于0℃冷藏库中静置24～72h。

（4）干燥 将腌制后的原料肉片平铺在不锈钢盘（或网）上，底部应涂油以避免粘连，放入热风干燥箱内于55～60℃干燥1h，取出翻面，再以65～70℃干燥1～2h。干燥时要注意热风干燥箱内水槽的水量，及时补充。

（5）烘烤 干燥后的肉片用180℃的烘箱烘烤，烘烤时间视肉皮薄厚而定，一般为3～5min。

（6）包装 冷凉后的肉干即为成品，用真空包装或塑料袋盛装即可。

5.质量评价

（1）感官指标 产品外形整齐，表面可带有细小纤维或香辛料；呈棕黄色、褐色或黄褐色，肉身干燥，富有光泽；具有特殊风味；无异味，无酸败味。

（2）理化指标 水分≤20g/100g；脂肪≤12g/100g；蛋白质≥28g/100g；氯化物（以NaCl计）≤5g/100g；总糖（以蔗糖计）≤35g/100g。

6.思考题

（1）如何控制肉干的烘烤？

（2）怎么保证肉片的薄厚在规定范围内？

实验二　肉脯的加工

1.实验目的与要求

肉脯是以去除筋腱和肥膘的畜禽瘦肉为原料，经切片、调味、腌制、烘干、烤制等工艺制成的熟肉制品。

本实验要求掌握制作肉脯的工艺流程、操作要点及质量评价。

2.实验材料与设备

（1）材料与配方　以每100kg去除肥肉、筋膜和经腱的猪后腿肉为标准：白砂糖1kg、白酱油1kg、食盐2.5kg、味精0.3kg、硝酸钾50g、小苏打10g、高粱酒2.5kg。

（2）仪器设备　刀具、砧板、台秤、不锈钢盆、不锈钢托盘、热风干燥机、烘箱、真空包装机。

3.工艺流程

原料的选择→预处理→冷冻切片→腌制→烘干→高温烘烤→
压平成型→冷却包装→成品

4.操作要点

（1）原料的选择　选用经过兽医卫生检验合格的猪后腿肉为原料。

（2）预处理　去骨除皮，剔去全部脂肪、筋膜和筋腱，修割整齐。

（3）冷冻切片　将预处理后的原料肉置于–20～–10℃冷冻，使肉块的中心温度达–5～–3℃。取出切成1～3mm的薄片，一般为2mm左右。

（4）腌制　按上述配料标准先把白砂糖、食盐、味精、硝酸钾和小苏打倒入容器中，再加入白酱油和高粱酒，使固体腌制料和液体调料充分混合拌匀，并完全溶化后，将切好的肉片放进不锈钢盆中，随即翻动，使每片肉都与腌制液接触，腌制2h左右。

（5）烘干　将腌制后的原料肉片平铺在不锈钢盘（或网）上，干燥箱温度控制在55～75℃之间，若肉片厚度为2～3mm时，干燥时间为2～3h。干燥时要注意热风干燥箱内水槽的水量，及时补充。

（6）高温烘烤　干燥后的肉片用200℃的烘箱烘烤1～2min。

（7）冷却包装　压平成型后的肉脯自然冷却，冷凉后即为成品，塑封包装即可。

5.质量评价

（1）感官指标　产品片型整齐，薄厚均匀，可见肌纹，无生片、焦片；呈棕红、深红或暗红色，色泽均匀，油润富有光泽；滋味鲜美，香味纯正；无肉眼可见杂质。

（2）理化指标　水分≤20g/100g；脂肪≤16g/100g；蛋白质≥28g/100g；氯化物（以NaCl计）≤5g/100g；总糖（以蔗糖计）≤35g/100g。

6.思考题

（1）如何保证肉脯平整，不出现卷曲等现象？

（2）如何保证肉脯薄厚均匀，厚度合理？

（3）肉脯和肉干有什么不同？

实验三　肉松的加工

1.实验目的与要求

肉干是以畜禽瘦肉为主要原料，经修整、切块、煮制、撇油、调味、收汤、炒松、搓松制成的肌肉纤维蓬松成絮状的熟肉制品。

本实验要求掌握制作肉松的工艺流程、操作要点及质量评价。

2.实验材料与设备

（1）材料与配方　以每100kg去除肥肉、筋膜和经腱的猪后腿肉为标准：白砂糖10～15kg、猪油2～3kg、精制食盐2kg、酱油2kg、味精1kg。

（2）仪器设备　刀具、砧板、台秤、不锈钢盆、蒸煮锅、电磁炉、旋转式干燥器。

3.工艺流程

原料的选择→预处理→水煮→焙炒→冷却→包装→成品

4.操作要点

（1）原料的选择　选用经过兽医卫生检验合格的猪后腿肉为原料。

（2）预处理　剔去全部肥肉、筋膜和筋腱，修割整齐，切块不宜太大。

（3）水煮　将处理好的原料肉块置于煮锅内，加水至没过肉面，蒸煮至肉纤维可捶开且汁液被肉吸收即可。

（4）焙炒　将松散开的肉纤维置于旋转式干燥器内，加入调味料，以强火、文火配合焙炒。成品接近完成时，泼入2%～3%的沸猪油，促进产品色泽美观，同时具有增脆效果。

（5）冷却　焙炒后的肉松置于通风干燥处冷却。

（6）包装　冷凉后的肉松即为成品，可采用塑料袋、铝罐或真空罐进行包装。

5.质量评价

（1）感官指标　产品呈絮状，纤维柔软蓬松，可有少量结头，无焦头；整体呈浅黄色或金黄色，色泽基本均匀；味道鲜美，咸甜适中，具有肉松固有的特殊风味，无其他不良气味。

（2）理化指标　水分≤20g/100g；脂肪≤10g/100g；蛋白质≥32g/100g；氯化物（以NaCl计）≤7g/100g；总糖（以蔗糖计）≤35g/100g。

6.思考题

（1）如何确定调味料的添加量？

（2）如何确定肉松是否焙炒结束？

（3）肉松食用时，有什么注意事项？

（4）怎么保证炒制的肉松没有硬块，更加蓬松？

实验四　肉角、肉纸的加工

一、肉角的加工

1.实验目的与要求

肉角是以肉（主要为瘦肉）为原料，切成规格大小统一的肉块，加入食盐、香辛料等调味料，经蒸煮、烘烤、煸炒、包装等步骤加工成的肉制品。

本实验要求掌握制作肉角的工艺流程、操作要点及质量评价。

2.实验材料与设备

（1）材料与配方　以每100kg去除脂肪、筋膜和筋腱的猪后腿肉为标准：水120kg、煮肉汤汁26.7kg、白砂糖14.1kg、麦芽糖2.5kg、酱油0.83kg、食盐1kg、五香粉0.5kg、辣椒粉0.67kg。

（2）仪器设备　刀具、砧板、台秤、不锈钢盆、蒸煮锅、炒锅、烘烤纸、不锈钢网框、烘箱。

3.工艺流程

原料的选择→预处理→焖煮→切块腌制→翻炒→烘烤→冷却包装→成品

4.操作要点

（1）原料的选择　选用经过兽医卫生检验合格的猪后腿肉为原料。

（2）预处理　剔去全部肥肉、筋膜和筋腱，修割整齐，用清水冲洗，洗去表面浮油。

（3）焖煮　将洗好的猪腿肉置于蒸煮锅中，加入清水没过肉面，焖煮至中心温度达72℃后捞出，待冷却。称量剩余汤汁留作煮肉汤汁备用。

（4）切块腌制　煮好的肉块切成边长1.5cm的正方形块备用。按上述配料标准先把白砂糖、麦芽糖、食盐、五香粉、辣椒粉倒入容器中，然后再加酱油和水，使固体腌制料和液体调料充分混合拌匀，并完全溶化后，把切好的肉块放进不锈钢盆中，随即翻动，使肉块与腌制液接触，冷藏24h入味。

（5）翻炒　向腌制后的肉角中加入汤汁，以小火翻炒至肉块入味，汤汁略收干，取出。

（6）烘烤　取出的肉角平铺于表面铺有烘烤纸（或抹一层油）的不锈钢网框上，放置于已预热的烘箱内，以低温50～55℃干燥约2h，再以200℃烘烤10min。

5.质量评价

（1）感官指标　产品外形整齐；呈棕黄、褐色或黄褐色，肉身干燥，富有光泽；具有特殊风味；无异味，无酸败味。

（2）理化指标 水分≤20g/100g；脂肪≤12g/100g；蛋白质≥28g/100g；氯化物（以NaCl计）≤5g/100g；总糖（以蔗糖计）≤35g/100g。

6.思考题

（1）如何提升肉角的质量？

（2）怎么判断翻炒步骤已结束？

二、肉纸的加工

1.实验目的与要求

肉纸，即将肉糜经挤压、捶打再切成薄如纸片的肉制品，在口感方面比肉脯更为细腻，是一种老少咸宜的休闲食品。

本实验要求掌握制作肉纸的工艺流程、操作要点及质量评价。

2.实验材料与设备

（1）材料与配方 以每100kg去除脂肪、筋膜和筋腱的猪后腿肉为标准：小麦淀粉10kg、白砂糖5kg、酱油4kg、植物油2kg、芝麻1kg、食盐1kg、蒜粉0.5kg、味精0.5kg、胡椒粉0.2kg。

（2）仪器设备 刀具、砧板、台秤、绞肉机、速冻机、切片机、不锈钢盆、模具、烘箱、烤箱、气调包装机。

3.工艺流程

原料的选择→预处理→制馅→腌制→冷冻切片→烘烤→冷却包装→成品

4.操作要点

（1）原料的选择 选用经过兽医卫生检验合格的猪后腿肉为原料。

（2）预处理 剔去全部肥肉、筋膜和筋腱，修割整齐，用清水冲洗，洗去表面浮油。

（3）制馅 将洗好的猪腿肉切成小块，通过孔径2～10mm筛板的绞肉机制成肉馅。

（4）腌制　按上述配料标准先把小麦淀粉、白砂糖、芝麻、食盐、蒜粉、味精和胡椒粉倒入容器中，然后再加酱油和植物油，使固体腌制料和液体调料充分混合拌匀，并完全溶化后，把肉馅放进不锈钢盆中，使肉馅与腌制液充分接触，腌制 1h。

（5）冷冻切片　将腌制后的肉馅装入模具中，放进速冻机中冷冻直至肉中心变硬，温度在 -4℃。冷冻后取出，用切片机将其切成厚度为 0.3mm 的薄片。

（6）烘烤　猪肉薄片于 60℃烘箱中烘烤 30min，达到想要的干燥效果。再放入 150℃的烤箱中烘烤 30s。

（7）冷却包装　冷却后即得到猪肉纸成品，向其中放入食品可直接接触的干燥剂，采取气调包装进行保存。

5.质量评价

（1）感官指标　产品外形平整；呈浅黄色或金黄色，色泽均匀；具有特殊香气，口感酥脆；无异味，无酸败味。

（2）理化指标　水分≤20g/100g；脂肪≤12g/100g；蛋白质≥28g/100g；氯化物（以 NaCl 计）≤5g/100g；总糖（以蔗糖计）≤35g/100g。

6.思考题

（1）在烘箱中烘烤时如何保证肉纸颜色美观？

（2）如何尽可能地保证肉纸的平整均匀？

实验五　云南风鸡的加工

1.实验目的与要求

云南风鸡是以整鸡为原料，经过腌制、自然晾晒干燥加工而成的特色肉制品。实验室采取 0～10℃低温风干技术来模拟冬季自然风干环境，利用低温低湿高风速达到快速脱水干燥的目的，形成特殊风味。

本实验要求掌握制作云南风鸡的工艺流程、操作要点及质量评价。

2.实验材料与设备

（1）材料与配方　以每 100kg 去毛除内脏的土鸡为标准：白酒 1kg、食盐 2kg。

（2）仪器设备　刀具、砧板、台秤、喷壶、线绳、低温干燥箱、真空包装机。

3.工艺流程

原料的选择→割剖清洗→腌渍→干燥→包装→成品

4.操作要点

（1）原料的选择　选用经过兽医卫生检验合格的整鸡为原料。

（2）割剖清洗　冷鲜鸡表皮残留的鸡毛去除，沿鸡肚子剖开，鸡肚子中残留的血迹及内脏用清水清理干净，以防止对最终成品形态的影响。清洗后冷鲜鸡静置10min，沥干水分。

（3）腌制　按上述配料标准将白酒用喷壶均匀地喷于冷鲜鸡表面，将食盐均匀地涂抹于冷鲜鸡全身，都抹好后，把鸡头插入翅下刀口，再将两翅两脚合拢起来，在刀口以前处，用线绳把翅腿捆扎紧，将冷鲜鸡整齐码放，密闭置于0～4℃冷藏腌制24h。

（4）干燥　将腌制后的冷鲜鸡放于低温食品干燥机中，在8℃、50%湿度、1.5m/s干燥风速下干燥72h。此方法可以重现云南风鸡的经典美味，并且极大地提高生产效率，保证产品品质的稳定，符合食品健康、安全的要求。

（5）包装　干燥后的云南风鸡即为成品，采用真空袋进行包装，避免细菌侵蚀。

5.质量评价

（1）感官指标　产品表面呈现金黄色，色泽均匀；形态完整，软硬度适中；咸味适中，腊味浓郁纯正；无异味，无酸败味。

（2）理化指标　水分≤20g/100g；酸价（以脂肪计）≤4.0mg/g。

6.思考题

（1）如何保证白酒喷洒均匀？

（2）风鸡为什么要在避光冷库内风干？

第六节　熏烧烤制品加工

实验一　熏鸡的加工

1.实验目的与要求

熏鸡是一道色香味俱全的传统名肴,是指经过食品五味五香等气味熏陶所成的鸡。

本实验要求掌握制作熏鸡的工艺流程、操作要点及质量评价。

2. 实验材料与设备

(1)材料与配方　以100只鸡为标准:水100kg、食盐7kg、味精100g、花椒250g、八角250g、白糖0.5kg、白酒0.5kg、鲜姜250g、大葱150g、大蒜150g、丁香150g、山奈150g、白芷100g、陈皮100g、草豆蔻150g、砂仁50g、豆蔻50g、桂皮50g、桂枝50g、特等香油适量。

(2)仪器设备　刀具、砧板、台秤、不锈钢盆、电磁炉、剪刀、毛刷、熏锅。

3.工艺流程

　　原料的选择→宰杀、整形→腌制→紧皮→煮制→糖熏→涂油→成品

4.操作要点

(1)原料的选择　选用一年内的健康活鸡,优先选择公鸡,母鸡因脂肪多,成品油腻,影响质量。

(2)宰杀、整形　颈部放血,烫毛后煺净毛,腹下开膛,取出内脏,清水冲洗干净并沥干水分。用木棍将鸡的大腿骨打折,用剪刀将膛内胸骨两侧的软骨剪断,鸡腿盘入腹腔,头部拉到左翅下。

(3)腌制　采用7%的食盐水,在4℃条件下腌制24h。

(4)紧皮　将整形好的鸡投入沸水中2～4min,使鸡皮紧缩,固定鸡形,

捞起晾干。

（5）煮制　首先将调味料全部放入锅内，然后将鸡体排放在锅内，加水70～100kg，点火将水煮沸，以后将水温控制在90～95℃。煮制时间因鸡而异，一般老鸡需2～3h，肉鸡需30min。煮好捞出晾干。

（6）糖熏　先在平锅上放上铁帘子，再将鸡胸部向下排放在铁帘上，待铁锅底微红时，将糖按不同点撒入锅内，将锅盖盖好，熏2～5min（要看锅红的情况决定时间长短，否则将鸡体烧煳或熏烟过轻），出锅后晾凉。

（7）涂油　将熏好的鸡用毛刷均匀地涂上特等香油（一般涂油三次）。

5.质量评价

（1）感官指标　呈柿黄色或黄褐色；鸡形完整，不破皮，不脱骨，皮上无绒毛，肉质不硬，不过烂；具有浓厚特殊的熏鸡香味，咸淡适度，味道鲜美，深部肉同样有鲜美的香味，细嚼余味浓厚。

（2）理化指标　食盐含量≤0.3～0.5g/kg。

6.思考题

（1）熏鸡和烧鸡有什么区别？

（2）如何提高熏鸡的品质？

（3）涂香油的目的是什么？

实验二　烤鸡的加工

1.实验目的与要求

烤鸡以鸡为原料，用烤箱烤制而成。制作者可依据自己的口味添加不同的调料制作各种口味的烤鸡。

本实验要求掌握制作烤鸡的工艺流程、操作要点及质量评价。

2.实验材料与设备

（1）材料与配方

① 原料鸡　选用体重1.5～2kg的肉用仔鸡。

② 腌制料　以每50kg腌制液为标准，生姜100g、葱150g、八角150g、花

椒100g、香菇50g、食盐8.5kg。

③ 腹腔涂料 香油100g、鲜辣粉50g、味精15g。

④ 腹腔填料 每只鸡放入生姜10g、葱15g、香菇10g。

⑤ 皮料 水2.5kg、饴糖500g。

（2）仪器设备 刀具、砧板、台秤、不锈钢盆、烤炉、不锈钢托盘。

3.工艺流程

$$原料的选择→整形→腌制→涂抹腹腔涂料→填放腹腔填料→$$
$$浸烫皮料→烤制→成品$$

4.操作要点

（1）原料的选择 选用体重1.5～2kg的肉用仔鸡。这样的鸡肉质香嫩，净肉率高，制成烤鸡出品率高，风味佳。

（2）整形 将全净膛光鸡，先去腿爪，再从放血处的颈部横切断，向下推脱颈皮、切断颈骨，去掉头颈，再将两翅反转成"8"字形。

（3）腌制 将整形后的光鸡，逐只放入腌制缸中，用压盖将鸡压入液面以下，腌制时间根据鸡的大小、气温高低而定，一般腌制时间为40～60min。腌制好后捞出晾干。以浓度为12%的腌制液较为理想，咸度适中，色、香、味俱全。

（4）涂抹腹腔涂料 把腌制好的光鸡放在砧板上，用带回头的棒具挑5g左右的涂料插入腹腔向四壁涂抹均匀。

（5）填放腹腔填料 向每只鸡腹腔内填入生姜10g、葱15g、香菇10g，然后用钢针绞缝腹下开口，不让腹内汁液外流。

（6）浸烫皮料 将填好料缝好口的光鸡逐只放入加热到100℃的皮料液中浸烫0.5min左右，然后取出挂起，晾干待烤。

（7）烤制 一般用远红外线电烤炉，先将炉温升至100℃，将鸡挂入炉内，不同规格的烤炉挂鸡数量不一样。当炉温升至180℃时，恒温烤15～20min，这时主要是烤熟鸡，然后再将炉温升高至240℃烤5～10min，此时主要是使鸡皮上色、发香。当鸡体全身上色均匀达到成品红色时立即出炉。出炉后趁热在鸡皮表面涂上一层香油，使皮更加红艳发亮，涂好香油后即为成品烤鸡。

5.质量评价

（1）感官指标 烤鸡皮色油亮，呈酱红色，肌肉切面无血水，脂肪滑而脆，烤香浓郁，油而不腻；无异味，无异臭。

（2）理化指标 苯并芘含量≤5μg/kg，总汞含量≤5mg/kg，铅（Pb）含量≤0.5mg/kg，无机砷含量≤0.05mg/kg。

（3）细菌指标 细菌总数≤50000CFU/g；大肠菌群≤90MPN/100g；致病菌不得检出。

6.思考题

（1）烤制的方法有哪些？

（2）如何判断烤制终点？

（3）腌制液浓度如何选择？

实验三　叉烧肉的加工

1.实验目的与要求

叉烧肉是我国南方的风味肉制品，起源于广东，一般称为广东叉烧肉。叉烧肉呈深红棕色，块状整齐，软硬适中，肉质香甜可口，咸甜适宜。

本实验要求掌握制作叉烧肉的工艺流程、操作要点及质量评价。

2.实验材料与设备

（1）材料与配方 以每50kg鲜猪肉为标准：食盐2kg、白糖6.5kg、酱油5kg、白酒（50度）2kg、五香粉250g、桂皮粉350g。

（2）仪器设备 刀具、砧板、台秤、不锈钢盆、铁叉、烤箱、毛刷。

3.工艺流程

原料的选择→腌制→上铁叉→烤制→上麦芽糖→成品

4.操作要点

（1）原料的选择 选择去皮猪腿瘦肉或肋部肉，剔除皮、骨和脂肪等，切成长约35cm、宽约3cm、厚约1.5cm的肉条，用温水冲洗干净，沥干水分备用。

（2）腌制 将切好的肉条与全部辅料混合均匀，不断搅拌均匀，使得辅料均匀地渗入肉内，腌制 1 ～ 2h。

（3）上铁叉　将肉条穿上特制的倒丁字铁叉（每条铁叉穿 8 ～ 10 条肉），肉条之间须间隔一定的间隙，利于制品均匀受热。

（4）烤制　先将烤炉烧热，然后将放有肉条的铁叉置于炉内进行烤制，炉内控制在 250℃左右。约 15min 后打开炉盖翻动肉块，继续烤制 15min 左右。

（5）上麦芽糖　等肉稍微冷却后，在肉表面刷一层糖胶状的麦芽糖，即为成品。麦芽糖使得产品的表面油光发亮，更加美观，且能适度地增加产品的甜味。

5.质量评价

（1）感官指标　呈深红棕色，块状整齐，软硬适中，肉质香甜可口，咸甜适宜。

（2）理化指标　苯并芘含量 ≤5μg/kg，总汞含量 ≤5mg/kg，铅（Pb）含量 ≤0.5mg/kg，无机砷含量 ≤0.05mg/kg。

6.思考题

（1）叉烧肉上麦芽糖的作用是什么？

（2）上铁叉时的方法及注意事项有哪些？

实验四　烤鸭的加工

1.实验目的与要求

北京烤鸭是我国著名特产，具有悠久的历史。北京烤鸭的鸭体美观，表皮和皮下结缔组织以及脂肪混为一体，以色泽红艳、肉质细腻、外脆内嫩、味道醇厚、肥而不腻等特点被誉为"天下美味"而驰名中外。按照烤制方法的不同，可以分为焖炉烤鸭和挂炉烤鸭两种。焖炉烤鸭以"便宜坊"饭店为代表，创办于明代嘉靖年间，距今已有 400 多年的历史；挂炉烤鸭以"全聚德"为代表，创办于清代同治年间，在国内外有很多分店。挂炉烤鸭由于炉内炭火闪烁，烤鸭诱人的香味在空气中流淌，人们在品尝美味的同时还具有一定的观赏成分，因此成为北京烤鸭的主流。

本实验要求掌握制作烤鸭的工艺流程、操作要点及质量评价。

2.实验材料与设备

（1）材料与配方　腌制用料以每100kg白条鸭为标准：食盐2.5kg、白糖2kg、味精200g、花椒300g、泡辣椒1.5kg、酱油3kg、葱2kg、姜3kg、料酒3kg、麻油3kg、猪肉4kg。

（2）仪器设备　刀具、砧板、台秤、不锈钢盆、电磁炉、打气筒、烤炉。

3.工艺流程

原料的选择→宰杀→造型→冲洗烫皮→浇挂糖色→晾坯→
灌汤打色→挂炉烤制→成品

4.操作要点

（1）原料的选择　原料必须是经过填肥的北京填鸭，饲养期为55～65日龄，活重以2.5～3.0kg最为适宜。

（2）宰杀　将鸭倒挂，用刀在鸭脖处切以花生米大小的刀口，切断气管、食管、血管，然后立刻用手捏住鸭嘴，将脖颈拉直将血流净，置于60～65℃的热水中煺毛。

（3）造型　剥离颈部食道周围的结缔组织，将食管打结，在刀口处插入气筒给鸭体充气，使皮下脂肪和结缔组织之间充气，充至八九成即可，拔出气嘴。然后从腋下开膛，取出全部食管、气管以及内脏。把一根8～10cm的秸秆或者小木条从刀口插入鸭腔内，竖直立起，上端卡入胸骨与三叉骨，下端放置在脊柱上并向前倾斜，使鸭体腔充实，造型美观。

（4）冲洗烫皮　通过腋下切口用清水反复冲洗胸腔几次，直至洗净即可。拿鸭钩钩住鸭的胸脯上端4～5cm处的脊椎骨，提起鸭坯，用100℃的沸水淋烫表皮，使表皮蛋白受热凝固，减少烤制时脂肪流出，并达到烤制时表皮酥脆的目的。烫制时先烫刀口处，使鸭皮紧缩，严防从刀口跑气，然后再烫其他部位。一般3～4勺沸水可使鸭体烫好。

（5）浇挂糖色　将1份麦芽糖与4份水混合调制成糖水溶液浇淋在鸭坯上，浇遍鸭体表皮，一般三勺即可。目的是使鸭坯在烤制时发生美拉德反应，形成诱人的枣红色，同时使烤制后的成品表皮酥脆，食之不腻。

（6）晾坯　上糖色之后的鸭坯放在阴凉、干燥、通风的地方进行风干，使鸭皮干燥。一般在春秋季晾2～4h，夏季晾4～6h，冬季时适当延长晾的时间。晾坯的目的是使鸭坯在烤制后表皮膨化、酥脆。

（7）灌汤打色　将7～8cm的带节高粱秆插入鸭体肛门处，然后由鸭身的刀口处灌入100℃的沸水80～100mL，使鸭坯在烤制时水分能剧烈汽化，达到"外焦里嫩"的目的。灌好后的鸭体再淋入3～4勺糖水，弥补上糖色时的不均匀，此方式称为"打色"。

（8）挂炉烤制　炉温一般控制在230～250℃，时间大约为40min。烤制的木材通常为苹果木、梨木等，以枣木最佳。将鸭坯放入炉内，先挂在前梁上，先烤刀口处，促进鸭体内汤水汽化，使其快熟。当右侧烤至橘黄色时，转动鸭体，使左侧向火，待两侧呈现相同的颜色时，将鸭用杆挑起，近火燎至底裆，反复几次，使腿间和下肢着色，再烤左右两侧鸭脯，使全身呈现橘黄色。把鸭体挂到炉内的后梁，烤鸭体的后背，鸭身上身已基本均匀，然后转动鸭体，反复烘烤，直至鸭体全身呈枣红色，即可出炉。一般1.5～2kg的鸭坯在炉内烤35～50min即可全熟。出炉后，可在鸭体表面趁热刷一层香油，增加表皮光亮程度，并可去除烟灰，增加香味，即为成品。一般鸭坯在烤制过程中失重1/3左右。

5.质量评价

（1）感官指标　鸭皮色油亮，呈酱红色；肉质细腻，肌肉切面无血水，脂肪滑而脆；具有该产品特有的香味，无异味，无异臭，烤香浓郁，外脆内嫩，味道醇厚，肥而不腻。

（2）理化指标　苯并芘含量≤5μg/kg，总汞含量≤5mg/kg，铅（Pb）含量≤0.5mg/kg，无机砷含量≤0.05mg/kg。

（3）微生物指标　细菌总数≤50000CFU/g；大肠菌群≤90MPN/100g；致病菌不得检出。

6.思考题

（1）浇挂糖色的目的是什么？

（2）烤制过程中炉内的温度与时间调节不当会有什么问题？

实验五　盐焗鸡的加工

1.实验目的与要求

盐焗鸡是广东省客家地区的传统美食，属于客家菜，也是广东当地客家招牌菜式之一。盐焗鸡流行于广东深圳、梅州、惠州、河源等地，现已成为享誉中国国内外的经典菜式，原材料是鸡、食盐和盐焗粉等，味道咸香，口感鲜嫩。

本实验要求掌握制作盐焗鸡的工艺流程、操作要点及质量评价。

2.实验材料与设备

（1）材料与配方　以每1.25kg鸡为标准：砂姜粉5g、食盐15g、盐焗鸡粉3g、鸡油50g。

（2）仪器设备　刀具、砧板、台秤、生铁锅、中餐炒灶、铁钩、红外线温度计、烤箱。

3.工艺流程

原料的选择与修整→腌制→晾干→炒制→焗制→成品

4.操作要点

（1）原料的选择与修整　将纯种胡须鸡洗净，掏干净肚子里面的脂肪和脏东西备用。

（2）腌制　准备好一个码兜，按鸡（光鸡1.25kg）重量调制好腌鸡的味料。一般一只鸡加入砂姜粉5g、食盐15g。

（3）晾干　将调好的调料均匀地涂抹鸡身内外，再将腌制好的鸡肉用铁钩晾起来晾干水分备用（此步骤可使成品干香味浓）。

（4）炒制　准备好一口铁锅，加入5kg左右的粗盐炒热。将晾干水分腌制好的鸡，表面抹上鸡油，然后再用草纸将鸡包裹起来，将盐炒至250℃，然后将鸡埋入热粗盐中。

（5）焗制　焗制50min后，手撕成鸡丝，摆盘佐以砂姜油（盐焗鸡粉3g，鸡油50g，食盐2g）蘸碟，即可上菜。

5.质量评价

（1）感官指标　成品色泽金黄、饱满，鸡肉香味纯正。

（2）理化指标　苯并芘含量≤5μg/kg，总汞含量≤5mg/kg，铅（Pb）含量≤0.5mg/kg，无机砷含量≤0.05mg/kg。

6.思考题

（1）炒制的目的是什么？

（2）焗制时加入砂姜油的作用是什么？

实验六　熏煮火腿的加工

1.实验目的与要求

熏煮火腿（以盐水火腿为例）是熟肉制品中火腿类的主要产品，是西式肉制品中主要的制品之一。它是用大块肉经整形修割、盐水注射腌制、嫩化、滚揉、充填入粗直径的肠衣或模具中，再经熟制（煮制或烟熏）、冷却等工艺制成的熟肉制品。包括盐水火腿、方腿、圆腿、庄园火腿等。

本实验要求掌握制作熏煮火腿的工艺流程、操作要点及质量评价。

2.实验材料与设备

（1）材料与配方

① 原料肉　选用猪臀腿肉和背腰肉。

② 盐水　食盐、亚硝酸钠和水，还加入助色剂柠檬酸、抗坏血酸、尼克酰胺和品质改良剂磷酸盐等。

③ 混合粉　淀粉、磷酸盐、葡萄糖和少量食盐、味精等。

（2）仪器设备　刀具、砧板、台秤、不锈钢盆、盐水注射机、滚揉机、不锈钢模具、蒸煮锅。

3.工艺流程

原料的选择→修整→盐水配制→注射腌制→嫩化→滚揉→
填充、成型→蒸煮→冷却、成品

4.操作要点

（1）原料的选择　用于生产火腿的原料肉原则上选择猪的臀腿肉和背腰肉，猪前腿部位的肉品质稍差。若选用热鲜肉作为原料，需将热鲜肉充分冷却，使肉的中心温度降至0～4℃。如果选用冷冻肉，宜在4℃冷库内进行解冻。

在西式火腿的生产中，选择原料肉时，pH值至关重要。原料肉的pH值越低，结着力不强，使产品表面太湿。如PSE肉，pH值小于5.8，这种肉保水性差，煮制时水分流失严重，做成火腿后切片呈黄色，结构粗糙；而DFD肉则会使产品发色不均匀，并且会影响出品率。因此，一般选pH为5.8～6.2的肉最为适宜加工火腿。

一般选用有光泽、淡红色、纹理细腻、肉质柔软、脂肪洁白的猪后腿或大排肌肉作为原料肉。同时，加工成火腿的原料肉的肉温要求为6～7℃。因为超过7℃时，细菌开始大量繁殖，而低于6℃时，肉质偏硬，不利于注射盐水的渗透。

（2）修整　剥尽后腿或大排外层的硬膘，除去硬筋、肉层间的夹油、粗血管、软骨、淤血、淋巴结等，使之成为纯精肉，再用手摸一遍，检查是否有小块碎骨和杂质残留。最后把修好的后腿精肉，按其自然生长的结构块型，大体分成四块。对其中块型较大的肉，沿着与肉纤维平行的方向，中间开成两半，避免腌制时因肉块过大而腌不透，大排肌肉则保持整条使用，不必开刀。然后把经过整理的肉分装在能容20～25kg的不透水的浅盘内，每50kg肉平均分装三盘，肉面应稍低于盘口为宜，等待注射盐水。

（3）盐水配制　盐水的主要成分是食盐、亚硝酸钠和水，还加入助色剂柠檬酸、抗坏血酸、尼克酰胺和品质改良剂磷酸盐等。混合粉的主要成分是淀粉、磷酸盐、葡萄糖和少量食盐、味精等，还可加些其他辅料。盐水和混合粉中使用的食品添加剂，应先用少许清洁水充分调匀成糊状，再倒入已冷却至8～10℃的清洁水内，并加以搅拌，待固体物质全部溶解后，稍停片刻，撇去水面污物，再行过滤，以除去可能悬浮在溶液中的杂质。

盐水配制时要注意：严格按照配料表配制，做到准确添加；了解各种添加剂的基本性能，有相互作用的不要放在一起；添加量比较小、对产品影响比较大的要单独盛放；在注射前，将盐水提前15min注入注射机储液罐，驱赶盐水中的空气；盐水配制好后，放在7℃以下冷却间内，以防温度升高，细菌增长。

（4）注射腌制

① 盐水注射 把8～10℃的盐水注入肉块内，大的肉块应多处注射。盐水的注射量，一般控制在20%～25%，注射多余的盐水可加入肉盘中浸渍。注射工作应在8～10℃的冷库内进行。

② 腌制 腌制的温度以2～4℃为最佳。温度太低，腌制速度慢，时间长，甚至腌不透。若冻结，还可能造成产品脱水。温度太高，容易引起细菌大量生长，部分盐溶性蛋白变性。

腌制时间要根据肉块的大小、盐水的浓度、温度以及整个工艺所用设备等情况而定。

腌制环境以及腌制容器要保证卫生，在火腿制作过程中，腌制这个环节时间较长，容易引起污染。

（5）嫩化 肉块腌制之后，还要用特殊刀刃对其切压穿刺使其嫩化。

（6）滚揉 滚揉是通过碰撞、翻滚、挤压、摩擦来完成的，是火腿生产中的一道关键工序。为了加速腌制、改善肉制品的质量，原料肉经盐水注射后就进入滚揉机。滚揉机装肉量约为容器的60%，连续滚揉4h，滚揉筒转速为8～15r/min，然后在5℃以下冷库腌制12h；如采用间歇式滚揉，在每1h中，滚揉20min，间歇40min。一般盐水注射量在25%的情况下，则需滚揉16h。在实际生产中，滚揉方式随盐水注射量的改变而调整，不论何种滚揉方式，在滚揉时环境温度均应控制在6～8℃。

（7）填充、成型 滚揉好的原料肉称重定量后装入塑料袋中，装好后，在袋的下部以及四周扎孔，然后装入不锈钢模具中，加上盖子压紧。或者直接用灌肠机灌入天然肠衣或人造肠衣中，两端打上铝条。

（8）蒸煮 可采用蒸汽或水煮加热。金属模具火腿多采用水煮加热，填入人造肠衣的火腿多在全自动烟熏室内完成熟制。为了保持火腿的颜色、风味、组织形态和切片性能，火腿的熟制和杀菌过程，一般采用低温巴氏杀菌法。温度可选择在75～80℃，中心温度达到68～72℃时，就完成了蒸煮。

水煮加热时，先将装肉的模具装入水温约55℃水浴锅中，水位稍高于模具，然后蒸制。蒸汽蒸煮可用蒸煮炉，将灌入肠衣的火腿先在55℃蒸汽中发色60min，随后将温度升高至75～85℃，最终使火腿的中心温度达至68～72℃。

生产烟熏火腿时，烟熏温度在60～70℃，一般烟熏2h，要求烟熏到火腿表面呈红棕色，再进行蒸煮。

（9）冷却　蒸煮后的火腿应立即进行冷却，采用水煮加热的产品，是将蒸煮篮重新吊起放置于冷却槽中用流动水冷却，冷却到中心温度40℃以下。用全自动烟熏室进行煮制后，可用喷淋冷却水冷却，水温要求10～12℃，冷却至产品中心温度27℃左右，送入0～7℃冷却间内冷却到产品中心温度至1～7℃，再脱模进行包装即为成品。

5.质量评价

（1）感官指标　切片呈现粉红色或玫红色，有光泽；组织紧密有弹性，切面无密集气孔，无汁液渗出，无异物；咸淡适宜，滋味鲜美，具有固有风味，无异味。

（2）理化指标　亚硝酸盐含量（以$NaNO_2$计）≤30mg/kg。

（3）微生物指标　细菌总数≤30000CFU/g；大肠菌群≤90MPN/100g；致病菌不得检出。

6.思考题

（1）盐水注射时对环境温度有什么要求？

（2）嫩化过程的原理是什么？

（3）腌制时对环境的要求有哪些？

实验七　培根的加工

1.实验目的与要求

培根，其原意是烟熏肋条肉（即方肉）或烟熏咸背脊肉。其风味不仅有适口的咸味，而且具有浓郁的烟熏香味。培根外皮油润呈金黄色，皮质坚硬，瘦肉呈深棕色，切开后肉色鲜艳。培根有大培根（又称丹麦式培根）、排培根、奶培根三种，制作工艺相近。

本实验要求掌握制作培根的工艺流程、操作要点及质量评价。

2.实验材料与设备

（1）材料与配方　原料猪肉100kg、食盐8kg、硝酸钠50g。

① 盐硝的配制　食盐4kg，硝酸钠25g，将硝酸钠溶于少量水中配制成液

体，再加食盐拌匀即为盐硝。

② 盐卤的配制　食盐4kg，硝酸钠25g，将食盐、硝酸钠放入缸中，加入适量清水，搅拌均匀，盐卤浓度为15%。

（2）仪器设备　刀具、砧板、台秤、不锈钢盆、盐水注射机、滚揉机、不锈钢模具、蒸煮锅。

3.工艺流程

原料的选择→剔骨→整形→配料→腌制→浸泡、清洗→
剔骨、刮骨、再整形→烟熏→成品

4.操作要点

（1）原料的选择　选择经兽医卫生检疫合格的中等肥度猪，经屠宰后吊挂预冷。

① 选料部位　大培根原料取自猪的白条肉中段，即前始于第3～4根肋内，后止于荐椎骨的中间部分，割去奶脯，保留大排，带皮；排培根原料取自猪的大排，有带皮和无皮两种，去除硬骨；奶培根原料取自猪的方肉，即去掉大排的肋条肉，有带皮和无皮两种，去除硬骨。

② 膘厚标准　大培根最厚处以3.5～4.0cm为宜，排培根最厚处以2.5～3.0cm为宜，奶培根最厚处约2.5cm。

（2）剔骨　做到骨上不带肉，肉中无碎骨，肋骨脱离肉体。

（3）整形　经整形后，每块长方形原料肉的重量，大培根要求8～11kg，排培根要求2.5～4.5kg，奶培根要求2.5～5kg。

（4）腌制

① 干腌　将配制好的盐硝敷在坯料上，并轻轻搓擦，坯料表面必须无遗漏地搓擦均匀，待盐粒与肉中水分结合开始溶化时，将坯料上面的盐抖落下来，装缸置于冷库（0～4℃）内腌制20～24h。

② 湿腌　缸内先倒入少许盐卤，然后将坯料一层一层叠入缸内，每叠2～3层，须再加入少许盐，直至装满。最后一层皮向上，用石块或其他重物压于肉上，加盐卤至淹没肉的顶层为止，所加盐卤总量和坯料的重量比约为1:3。因干腌后的坯料中带有盐料，入缸后盐卤浓度会增加，如浓度超过16°Bé，须用水冲淡。在湿腌过程中，须每隔2～3天翻缸一次，湿腌期一般为6～7天。

（5）浸泡、清洗　将腌好的肉坯用水浸泡约30min。夏天选择用冷水，冬季选择用温水。如果腌制后的坯料咸味过重，可适当延长浸泡时间。可以割取瘦肉一小块，用舌尝味，也可以煮熟后尝味评定。

（6）剔骨、刮骨、再整形　将不成直线的肉边修割整齐，刮去皮上的残毛和油污。然后在坯料靠近胸骨的一端距离边缘2cm处刺3个小孔（排培根刺2个小孔），穿上线绳，串挂于木棒或者竹竿上，每棒4～5块，块与块之间保持一定距离，沥干水分，6～8h后可进行烟熏。

（7）烟熏　选用硬质木。先预热烟熏室，待室内平均温度升至所需烟熏温度后，加入木屑，挂进肉坯。烟熏室的温度一般保持在60～70℃，时间约10h，待坯料肉皮呈金黄色，表面烟熏完成，自然冷却至室温即为成品。出品率约为83%。

（8）成品　用白蜡纸或者薄尼龙袋包装。若不包装，吊挂或平摊，冬天一般可保存1～2个月，夏天可保存7天。

5.质量评价

（1）感官指标　色泽金黄，无黏液，无霉点；具有该产品特有的香味，无异味，无酸败味。

（2）理化指标　过氧化值（以脂肪计）≤5.0g/kg；亚硝酸盐含量（以 $NaNO_2$ 计）≤30mg/kg；酸价（以脂肪计）≤4.0mg/g；苯并芘含量≤5.0μg/kg；铅（Pb）含量≤0.2mg/kg；无机砷含量≤0.05mg/kg。

6.思考题

（1）烟熏的目的是什么？

（2）干腌和湿腌的区别及优缺点有哪些？

第七节　预制肉制品加工

实验一　上校鸡块的加工

1.实验目的与要求

上校鸡块是世界最大的炸鸡餐厅连锁企业——肯德基的招牌菜品，肯德基的标记KFC是英文Kentucky Fried Chicken（肯德基炸鸡）的缩写，它已在全球范围内成为有口皆碑的著名品牌。

本实验要求掌握制作上校鸡块的工艺流程、操作要点及质量评价。

2.实验材料与设备

（1）材料与配方　以每1kg鸡胸肉为标准。

① 基础配方　淀粉200g、全蛋液200g、复合磷酸盐5g、味精5g、鸡精1g、食盐10g、白砂糖6g、黑胡椒粉7g、姜粉5g、洋葱粉5g。

② 裹粉　玉米淀粉。

③ 酥皮液配方　面粉100g、水60mL、全蛋液60g。

（2）仪器设备　刀具、砧板、电子天平、不锈钢盆、不锈钢盘、塑料手套、包装袋、绞肉机、搅拌机、油炸锅、速冻柜、冷冻冰箱、封口机。

3.工艺流程

原料肉的选择→解冻→绞肉→搅拌→配制酥皮液→裹粉、上浆→
油炸→冷却速冻→包装→冻藏→成品

4.操作要点

（1）原料肉的选择　选择经兽医检验合格的鸡大胸肉，脂肪含量10%以下。

（2）解冻　原料肉拆去外包装纸箱及内包装塑料袋，放在解冻室自然解冻至肉中心温度-2℃即可。

（3）绞肉　将解冻后的鸡胸肉用3mm孔板绞肉机绞碎。

（4）搅拌　绞碎的鸡肉加入基础配料，用搅拌机顺着一个方向均匀搅拌上劲。

（5）配制酥皮液　按比例准确称取各种酥皮液配料混合均匀。

（6）裹粉、上浆　在不锈钢盘中，放入适量的淀粉，将搅拌好的肉糜捏成扁椭圆状放入盘中，均匀蘸取淀粉，轻轻抖动，抖去表面的浮粉后再蘸取酥皮液裹涂均匀。

（7）油炸　控制料油比为1:10（质量比），加热油温至200℃时投下肉品，油炸时间为1min。

（8）冷却速冻　将鸡块平铺在不锈钢盘上，不要积压和重叠，常温冷却

2h，放进速冻机中速冻。速冻机温度–35℃，时间30min。要求速冻后的中心温度–8℃以下。

（9）包装　将速冻后的鸡块放入塑料包装袋中，利用封口机密封，打印生产日期。

（10）冻藏　将生产好的产品置于–18℃的条件下冷冻保存。

5.质量评价

（1）感官指标　质地紧密，软硬适度，弹性好；金黄色或淡红色，颜色鲜亮；有油炸食品特有的香味；无肉眼可见外来杂质。

（2）理化指标　挥发性盐基氮≤15mg/100g；过氧化值（以脂肪计）≤0.25g/100g；N-亚硝基二甲胺≤3.0μg/kg；铅（以Pb计）≤0.5mg/kg；镉（以Cd计）≤0.1mg/kg；总砷（以As计）≤0.5mg/kg。

（3）微生物指标

① 金黄色葡萄球菌　同批产品5个样中，每个样品检测都不得超过1000CFU/g，且只允许有1个样在100CFU/g和1000CFU/g之间。

② 沙门氏菌　同批产品5个样中不得检出。

6.思考题

（1）搅拌时间对产品品质有何影响？

（2）裹粉厚度和上浆厚度对产品品质有何影响？

实验二　鸡柳的加工

1.实验目的与要求

鸡柳是调理鸡肉制品中的主要产品，口感丰富、味道鲜美、营养全面，深受消费者青睐，已成为市场上主要的鸡肉消费方式之一。

本实验要求掌握制作鸡柳的工艺流程、操作要点及质量评价。

2.实验材料与设备

（1）材料与配方　以每1kg鸡胸肉为标准：冰水混合物300g、马铃薯淀粉20g、复配硝酸盐5g、食盐7g、白砂糖6g、味精7g、姜粉7g、洋葱粉5g。

（2）仪器设备 刀具、砧板、电子天平、不锈钢盆、不锈钢盘、塑料手套、包装袋、自动切片机、滚揉机、油炸锅、速冻柜、冷冻冰箱、封口机。

3.工艺流程

原料肉的选择→解冻→切条→配制腌制液→真空滚揉腌制→静腌→
裹屑→油炸→冷却速冻→包装→冻藏→成品

4.操作要点

（1）原料肉的选择 选择经兽医检验合格的鸡大胸肉，脂肪含量10%以下。

（2）解冻 原料肉拆去外包装纸箱及内包装塑料袋，放在解冻室自然解冻至肉中心温度–2℃即可。

（3）切条 用全自动切片机将解冻后的鸡胸肉切成1cm厚的片状，再沿肌纤维方向切成条状，每条约7～9g。

（4）配制腌制液 按比例准确称取各种配料混合均匀。

（5）真空滚揉腌制 将上述处理好的鸡胸肉和配制好的腌制液倒入滚揉机中，设置参数为固定工作时间60min，按摩时间20min，暂停时间5min，温度7℃，转速8r/min，真空度0.098MPa，进行真空滚揉腌制。

（6）静腌 真空滚揉腌制后的鸡柳在0～4℃的冷藏间静腌12h，使肌肉充分吸收盐水。

（7）裹屑 在不锈钢盘中，放入适量的市售专用裹粉，将沥干部分腌制液的胸肉条放入裹粉中，用手给鸡肉条均匀上屑，轻轻按压，裹屑均匀，最后放入塑料网筐，轻轻抖动，抖去表面的附屑。

（8）油炸 控制料油比为1:10（质量比），加热油温至200℃时投下肉品，油炸时间为1min。

（9）冷却速冻 将鸡柳平铺在不锈钢盘上，不要积压和重叠，常温冷却2h，放进速冻机中速冻。速冻机温度–35℃，时间30min。要求速冻后的中心温度–8℃以下。

（10）包装 将速冻后的无骨鸡柳放入塑料包装袋中，利用封口机密封，标明生产日期。

（11）冻藏　将生产好的产品置于–18℃的条件下冷冻保存。

5.质量评价

（1）感官指标　质地紧密，软硬适度，弹性好；金黄色或淡红色，颜色鲜亮；有油炸食品特有的香味；无肉眼可见外来杂质。

（2）理化指标　挥发性盐基氮≤15mg/100g；过氧化值（以脂肪计）≤0.25mg/100g；N-亚硝基二甲胺≤3.0μg/kg；铅（以Pb计）≤0.5mg/kg；镉（以Cd计）≤0.1mg/kg；总砷（以As计）≤0.5mg/kg。

（3）微生物指标

① 金黄色葡萄球菌　同批产品5个样中，每个样品检测都不得超过1000CFU/g，且只允许有1个样在100CFU/g和1000CFU/g之间。

② 沙门氏菌　同批产品5个样中不得检出。

6.思考题

（1）进行真空滚揉腌制的目的是什么？

（2）静腌时间对产品品质有何影响？

实验三　骨肉相连的加工

1.实验目的与要求

骨肉相连是一道以鸡腿肉和鸡脆骨为主要原料的菜品，它是将新鲜的鸡腿肉加上鸡胸部的脆嫩软骨用特别的香辣调料腌制，滚揉后串上竹签，每一串上有多块软骨、多块鸡肉。可采用油炸或烧烤方式烹饪，其味道带辣味且有淡淡的甜味。

本实验要求掌握制作骨肉相连的工艺流程、操作要点及质量评价。

2.实验材料与设备

（1）材料与配方　鸡腿肉700g、鸡脆骨300g、冰水混合物200mL、HP酱45mL、番茄酱30mL、茴香粉3g、白胡椒粉10g、姜粉5g、辣椒粉10g、食盐5g、白砂糖15g。

（2）仪器设备　刀具、砧板、台秤、不锈钢盆、不锈钢盘、塑料手套、竹签、包装袋、滚揉机、封口机、速冻柜、冷冻冰箱。

3.工艺流程

原料肉的选择→清洗、切块→配制腌制液→真空滚揉腌制→

成串→速冻→包装→冻藏→成品

4.操作要点

（1）原料肉的选择　选用经过兽医卫生检验合格的鸡腿肉和鸡脆骨，脆骨要清洗后去掉带血的黑头部分。

（2）清洗、切块　将处理后的鸡肉和鸡软骨用清水清洗2～3遍，沥干水分。将鸡腿肉和鸡脆骨切成3cm左右的小块。

（3）配制腌制液　按比例准确称取各种配料混合均匀。

（4）真空滚揉腌制　滚揉时加入配制好的骨肉相连腌料，腌料最佳温度为0～4℃。滚揉方式为间歇滚揉，转速为低速，一般为8～10r/min。滚揉10min停10min，共计3h。

（5）成串　将腌制好的鸡腿肉和鸡脆骨取出，然后将鸡腿肉和鸡脆骨按7∶3的比例穿到长度为25～30cm的竹签上。

（6）速冻　将成串的骨肉相连平铺在不锈钢盘上，不要积压和重叠，放进速冻机中速冻。速冻机温度–35℃，时间30min。要求速冻后的中心温度–8℃以下。

（7）包装　将速冻后的骨肉相连放入塑料包装袋，利用封口机密封，标明生产日期。

（8）冻藏　将生产好的产品置于–18℃的条件下冷冻保存。

5.质量评价

（1）感官指标　软骨脆，肉质鲜嫩多汁，骨肉连接紧密；肌肉表面光润鲜亮，切面有光泽；有独特香味；无肉眼可见外来杂质。

（2）理化指标　挥发性盐基氮≤15mg/100g；过氧化值（以脂肪计）≤0.25g/100g；N-亚硝基二甲胺≤3.0μg/kg；铅（以Pb计）≤0.5mg/kg；镉（以Cd计）≤0.1mg/kg；总砷（以As计）≤0.5mg/kg。

（3）微生物指标

① 金黄色葡萄球菌　同批产品5个样中，每个样品检测都不得超过1000CFU/g，且只允许有1个样在100CFU/g和1000CFU/g之间。

② 沙门氏菌　同批产品5个样中不得检出。

6.思考题

（1）进行间歇式滚揉腌制的目的是什么？

（2）怎样使鸡腿肉和脆骨连接紧密？

实验四　小酥肉的加工

1.实验目的与要求

小酥肉的传统制作方法是将猪肉切条、腌制、上浆、油炸而成，具有口感酥脆、色泽诱人的特点，广受人们的喜爱。

本实验要求掌握制作小酥肉的工艺流程、操作要点及质量评价。

2.实验材料与设备

（1）材料与配方　以每1kg猪里脊肉为标准。

① 腌制液配方　水300g、复合磷酸盐8g、味精3g、鸡精1g、食盐12g、生姜泥6g、大蒜泥6g、辣椒粉5g、花椒粉4g。

② 裹粉　玉米淀粉。

③ 酥皮液配方　全蛋液120g、淀粉400g、泡打粉10g、水400mL。

（2）仪器设备　刀具、砧板、电子天平、打蛋器、不锈钢盆、不锈钢盘、塑料手套、包装袋、滚揉机、油炸锅、速冻柜、封口机、冷冻冰箱。

3.工艺流程

原料肉的选择→解冻→切条→配制腌制液→真空滚揉腌制→配制酥皮液→
裹粉、上浆→油炸→冷却速冻→包装→冻藏→成品

4.操作要点

（1）原料肉的选择　用经过兽医卫生检验合格的猪里脊肉为原料。

（2）解冻　原料肉拆去外包装纸箱及内包装塑料袋，放在解冻室自然解冻至肉中心温度−2℃即可。

（3）切条　解冻后的猪里脊肉剔除表面可见的脂肪、结缔组织，用清水除去血污并修整形状。改刀切成条状，每条大小约为4cm×2cm×2cm。

（4）配制腌制液　按比例准确称取各种配料混合均匀。

（5）真空滚揉腌制　将上述处理好的猪里脊肉和配制好的腌制液倒入滚揉罐中，进行滚揉腌制。真空度不低于0.098MPa，转速5～8r/min，滚揉30min。可根据滚揉数量和料液吸收状况适当调整滚揉时间，需要确保水分完全被吸收。

（6）配制酥皮液　按比例准确称取各种酥皮液配料混合均匀。

（7）裹粉、上浆　在不锈钢盘中，放入适量的淀粉，将腌制好的肉放入盘中，均匀蘸取淀粉，轻轻抖动，抖去表面的浮粉后再蘸取酥皮液裹涂均匀。

（8）油炸　控制料油比为1∶10（质量比），加热油温至200℃投下肉品，油炸时间为2min。

（9）冷却速冻　将油炸后的小酥肉平铺在不锈钢盘上，不要积压和重叠，常温冷却2h，放进速冻机中速冻。速冻机温度−35℃，时间30min。要求速冻后的中心温度−8℃以下。

（10）包装　将速冻后的小酥肉放入塑料包装袋中，利用封口机密封，标明生产日期。

（11）冻藏　将生产好的产品置于−18℃的条件下冷冻保存。

5.质量评价

（1）感官指标　产品外表酥脆，肉鲜嫩多汁；色泽金黄；香味浓郁，有油炸食品特有风味；口感咸鲜适口；无肉眼可见外来杂质。

（2）理化指标　挥发性盐基氮≤15mg/100g；过氧化值（以脂肪计）≤0.25g/100g；N-亚硝基二甲胺≤3.0μg/kg；铅（以Pb计）≤0.5mg/kg；镉（以Cd计）≤0.1mg/kg；总砷（以As计）≤0.5mg/kg。

（3）微生物指标

① 金黄色葡萄球菌　同批产品5个样中，每个样品检测都不得超过1000CFU/g，且只允许有1个样在100CFU/g和1000CFU/g之间。

② 沙门氏菌　同批产品5个样中不得检出。

6.思考题

（1）保证产品酥脆性的关键步骤是什么？

（2）裹粉厚度对产品有怎样的影响？

实验五　速冻肉丸的加工

1.实验目的与要求

肉丸是指以切碎的肉类为主而做出的球形食品，通常由薄皮包裹肉质馅料通过蒸煮烹制而成，可以更好地锁住肉质营养和美味，使得肉质更加鲜嫩可口。

本实验要求掌握制作速冻肉丸的工艺流程、操作要点及质量评价。

2.实验材料与设备

（1）材料与配方　猪瘦肉750g、肥膘300g、冰450g、食盐22.5g、磷酸盐4.5g、亚硝酸钠0.075g、白糖18g、味精7.5g、白胡椒粉2.25g、葱15g、姜粉2.25g、淀粉60g、异抗坏血酸钠1g。

（2）仪器设备　刀具、砧板、台秤、分析天平、包装袋、不锈钢盆、绞肉机、肉丸打浆机、肉丸成型机、恒温水浴锅、蒸煮锅、速冻柜、冷冻冰箱、封口机。

3.工艺流程

原料肉的选择→绞肉→打浆→成型→低温预煮→高温蒸煮→
冷却速冻→包装→冻藏→成品

4.操作要点

（1）原料肉的选择　选用经过兽医卫生检验合格的选取新鲜猪瘦肉和肥膘为原料。

（2）绞肉　原料肉洗净并切成小块放入4℃冰箱冷藏至10℃以下，然后分别取出放入绞肉机内绞碎成肉糜。

（3）打浆　将制备好的肉糜和配料按比例分三次加入到肉丸打浆机中。第一次加入瘦肉、1/2冰、食盐、磷酸盐、亚硝酸盐，打浆1min；第二次加入肥膘、1/2冰、香辛料等，打浆1min；第三次加入淀粉、异抗坏血酸钠等，打浆0.5min。形成均匀肉浆。

（4）成型　用肉丸成型机将肉浆制成直径约2.5cm的肉丸。

（5）低温预煮　成型的肉丸放入45℃恒温水浴锅中预煮20min。

（6）高温蒸煮　经低温预煮后的肉丸放入蒸煮锅中经80～85℃煮制30min。

（7）冷却速冻　将煮制好的肉丸放入符合饮用水卫生要求的冰水中，当肉丸的中心温度冷却到10℃左右即可，捞出晾干。放入–60℃条件下，速冻处理30min。

（8）包装　将产品装入尺寸适合的复合蒸煮袋，排干袋中空气，用封口机进行密封，标明生产日期。

（9）冻藏　将生产好的产品置于–18℃的条件下冷冻保存。

5.质量评价

（1）感官指标　硬度适中，切面分布均匀，无明显颗粒；色泽均匀，有猪肉丸特有色泽；肉味香浓，无异味；无肉眼可见外来杂质。

（2）理化指标　过氧化值（以脂肪计）≤0.25g/100g；铅（以Pb计）≤0.5mg/kg；镉（以Cd计）≤0.1mg/kg；汞（以Hg计）≤0.5mg/kg；无机砷（以As计）≤0.1mg/kg。

（3）微生物指标

① 金黄色葡萄球菌　同批产品5个样中，每个样品检测都不得超过1000CFU/g，且只允许有1个样在100CFU/g和1000CFU/g之间。

② 沙门氏菌　同批产品5个样中不得检出。

6.思考题

（1）斩拌过程中加冰的目的是什么？

（2）肉丸的两段式加热有什么优点？

实验六　牛排的加工

1.实验目的与要求

牛排，或称牛扒，是片状的牛肉，是西餐中常见的食物之一。清末小说中已出现牛排、猪排等西菜菜品，可能是因形似上海大排（猪丁排），故名"排"。

本实验要求掌握制作牛排的工艺流程、操作要点及质量评价。

2.实验材料与设备

（1）材料与配方　以每100g精修牛肉为标准：食盐1g、无水葡萄糖0.4g、淀粉3g、大豆分离蛋白1g、磷酸盐0.4g、嫩肉粉0.6g、红甜椒0.2g、香辛料2g。

（2）仪器设备　刀具、砧板、台秤、保鲜膜、包装袋、不锈钢盆、针管或注射机、滚揉机、切割锯、真空包装机、真空包装袋、速冻柜、真空包装机、冷冻冰箱。

3.工艺流程

原料肉的选择→解冻→精修、分割→配制腌制液、注射→
滚揉腌制→速冻→切片→包装→冻藏→成品

4.操作要点

（1）原料肉的选择　牛肉原料采用冷冻牛肉切块。冷冻牛肉切块的选择，除了满足《食品安全国家标准　鲜（冻）畜、禽产品》（GB 2707—2016）、《鲜冻分割牛肉》（GB/T17238—2022）等标准的要求外，重要的是油、赘肉要少。

（2）解冻　原料肉拆去外包装纸箱及内包装塑料袋，放在解冻室自然解冻至肉中心温度−2℃即可。

（3）精修、分割　剔除原料肉筋膜，平行于大块肉肌纤维方向分割成长为4～6cm的肉块。

（4）配制腌制液、注射　按比例准确称取各种配料，用原料肉质量25%的饮用水溶解。用针管或注射机将腌制液注射到肉块中。

（5）滚揉腌制　将肉块和剩余的腌制液倒入滚揉罐中，设置温度7℃，采用40～20～40min间歇式滚揉方式，转速为5～8r/min，滚揉9h。

（6）速冻　腌制好的肉块用保鲜膜紧密包裹，放入–60℃条件下，速冻处理30min。

（7）切片　用切割锯将冻结好的肉块切片，厚度为1.0～1.2cm。

（8）包装　按照1片/袋的标准进行袋装，然后真空包装。

（9）冻藏　将生产好的产品置于–18℃的条件下冷冻保存。

5.质量评价

（1）感官指标　产品外形整齐，组织紧密，有弹性，肌肉指压后凹陷立即恢复；产品表面无游离水分，无明显的注射针孔；肉表面呈肉红色，切面有光泽；具有牛排特有气味；无肉眼可见外来杂质。

（2）理化指标　挥发性盐基氮≤15mg/100g；过氧化值（以脂肪计）≤0.25g/100g；N-亚硝基二甲胺≤3.0μg/kg；铅（以Pb计）≤0.5mg/kg；镉（以Cd计）≤0.1mg/kg；总砷（以As计）≤0.5mg/kg。

（3）微生物指标

① 金黄色葡萄球菌　同批产品5个样中，每个样品检测都不得超过1000CFU/g，且只允许有1个样在100CFU/g和1000CFU/g之间。

② 沙门氏菌　同批产品5个样中不得检出。

6.思考题

（1）怎样保证注射均匀？

（2）牛排厚度对产品的品质有何影响？

（3）牛排怎么腌制才鲜嫩好吃？

实验七　冷冻鸡排的加工

1.实验目的与要求

鸡排是小吃店里很流行的一种油炸类食品，呈米白色，上有"面包渣"似的小面团。肉是鸡胸肉片成的肉片，须选上等淀粉将胸片肉与面渣相互结合，再经过油炸，变成"排"似的鸡胸肉。

本实验要求掌握制作冷冻鸡排的工艺流程、操作要点及质量评价。

2.实验材料与设备

（1）材料与配方 以每1kg鸡胸肉为标准：冰水20g、食盐1.5g、白砂糖0.6g、复合磷酸盐0.2g、味精0.3g、白胡椒粉0.16g、蒜粉0.05g、其他香辛料0.8g。

（2）仪器设备 刀具、砧板、电子天平、不锈钢盆、不锈钢盘、塑料手套、包装袋、滚揉机、油炸锅、速冻柜、冷冻冰箱。

3.工艺流程

原料肉的选择→解冻→整形→配制腌制液→真空滚揉→静腌→
裹屑→油炸→速冻→包装→冻藏→成品

4.操作要点

（1）原肉料的选择 选择经兽医检验合格的鸡胸肉，脂肪含量10%以下。

（2）解冻 原料肉拆去外包装纸箱及内包装塑料袋，放在解冻室自然解冻至肉中心温度-2℃即可。

（3）整形 将鸡胸肉光滑面向下平放于案板上，片切高出的肉条，使鸡胸单重为165～170g/块。沿鸡胸分界处向胸肉较厚处平行切割至1～1.5cm处，得到预处理鸡排大小约为10cm×6cm×1cm。

（4）配制腌制液 按比例准确称取各种配料混合均匀。

（5）真空滚揉 将上述预处理鸡排和配制好的腌制液倒入滚揉机中，正转20min，反转20min，连续滚揉1h。

（6）静腌 在0～4℃的冷藏间静置放置12h，以利于肌肉充分吸收盐水。

（7）裹屑 在不锈钢盘中，放入适量的市售专用裹粉，将沥干部分腌渍液的鸡排放入裹粉中，用手均匀地上屑，轻轻按压，裹屑均匀，最后放入塑料网筐，轻轻抖动，抖去表面的附屑。

（8）油炸 控制料油比为1：10（质量比），加热油温至200℃投下肉品，油炸时间为1.5min。

（9）速冻 将鸡排平铺在不锈钢盘上，不要积压和重叠，放进速冻机中速冻。速冻机温度-35℃，时间30min。要求速冻后的中心温度-8℃以下。

（10）包装　将速冻后的鸡排放入塑料包装袋，利用封口机密封，标明生产的日期。

（11）冻藏　将生产好的产品置于-18℃的条件下冷冻保存。

5.质量评价

（1）感官指标　质地紧密，软硬适度，弹性好；金黄色或淡红色，颜色鲜亮；有油炸食品特有的香味；无肉眼可见外来杂质。

（2）理化指标　挥发性盐基氮≤15mg/100g；过氧化值（以脂肪计）≤0.25g/100g；N-亚硝基二甲胺≤3.0μg/kg；铅（以Pb计）≤0.5mg/kg；镉（以Cd计）≤0.1mg/kg；总砷（以As计）≤0.5mg/kg。

（3）微生物指标

① 金黄色葡萄球菌　同批产品5个样中，每个样品检测都不得超过1000CFU/g，且只允许有1个样在100CFU/g和1000CFU/g之间。

② 沙门氏菌　同批产品5个样中不得检出。

6.思考题

（1）油炸时间长短对产品品质有怎样的影响？

（2）整片鸡胸肉鸡排相较于重组鸡排有哪些优点？

实验八　羊肉串的加工

1.实验目的与要求

羊肉串以其丰富的营养鲜美的味道及良好的滋补作用而受到消费者青睐。本实验要求掌握制作羊肉串的工艺流程、操作要点及质量评价。

2.实验材料与设备

（1）材料与配方　以羊腿肉丁每1kg为标准：冰水300g、羊油丁70g、食盐20g、白砂糖9g、复合磷酸盐4g、味精4g、白胡椒粉3g、孜然粉14g、孜然精油3g、花椒精油3g、辣椒粉7g等。

（2）仪器设备　刀具、砧板、电子天平、不锈钢盆、竹签、塑料手套、包装袋、滚揉机、速冻柜、冷冻冰箱、封口机。

3.工艺流程

原料肉的选择→解冻→切丁→配制腌制液→真空滚揉→静腌→
穿串→速冻→包装→冻藏→成品

4.操作要点

（1）原料肉的选择　选择经兽医检验合格的羊腿肉。

（2）解冻　原料肉拆去外包装纸箱及内包装塑料袋，放在解冻室自然解冻至肉中心温度–2℃即可。

（3）切丁　将解冻后的原料肉分割，切除筋腱、血管、淋巴筋膜及软骨，切丁，大小约为15cm×15cm×10 mm。

（4）配制腌制液　按比例准确称取各种配料混合均匀。

（5）真空滚揉　将上述处理好的羊肉丁和配制好的腌制液倒入滚揉罐中，正转20min，反转20min，连续滚揉2h。

（6）静腌　真空滚揉腌制后的羊肉丁在0～4℃的冷藏间静腌12h，使肌肉充分吸收盐水。

（7）穿串　将羊肉丁用竹签依次串联起来，要求规格30g，把羊肥油穿在倒数第一个肉丁上，保持形状整齐美观。

（8）速冻　将羊肉串平铺在不锈钢盘上，不要积压和重叠，放进速冻机中速冻。速冻机温度–35℃，时间30min。要求速冻后的中心温度–8℃以下。

（9）包装　将速冻后的羊肉串放入塑料包装袋中，利用封口机密封，标明生产的日期。

（10）冻藏　将生产好的产品置于–18℃的条件下冷冻保存。

5.质量评价

（1）感官指标　质地紧密，软硬适度，弹性好；肌肉表面有光泽；有羊肉食品特有的香味；无肉眼可见外来杂质。

（2）理化指标　挥发性盐基氮≤15mg/100g；过氧化值（以脂肪计）≤0.25g/100g；N-亚硝基二甲胺≤3.0μg/kg；铅（以Pb计）≤0.5mg/kg；镉（以Cd计）≤0.1mg/kg；总砷（以As计）≤0.5mg/kg。

（3）微生物指标

① 金黄色葡萄球菌　同批产品5个样中，每个样品检测都不得超过

1000CFU/g，且只允许有1个样在100CFU/g和1000CFU/g之间。

② 沙门氏菌 同批产品5个样中不得检出。

6.思考题

（1）如何去除羊肉的膻味？

（2）如何降低羊肉硬度，使产品便于咀嚼？

参考文献

[1] 田娜娜. 半干猪肉干加工及贮藏稳定性研究 [D]. 杨凌：西北农林科技大学，2019.

[2] 马娅俊. 预制牛排工艺的优化研究及应用 [D]. 兰州：甘肃农业大学，2017.

[3] 戴红，何欣. 影响水分活度仪测量结果的因素分析 [J]. 计量科学与技术，2020（10）：37-39.

[4] 张亚芬，张晓辉. 肉品检验中pH值测定的意义 [J]. 吉林农业，2014，（03）：47.

[5] 范华锋，刘振林. 半微量定氮法测定挥发性盐基氮的改进 [J]. 中国卫生检验杂志，2002，（01）：83.

[6] 马长伟，张松山，刘欢，等. 对反映腌腊肉制品脂肪氧化酸败程度指标的探讨 [J]. 肉类研究，2007，（06）：4-6.

[7] 孙群. 肉制品脂类氧化：硫代巴比妥酸试验测定醛类物质 [J]. 食品科学，2002，（08）：331-334.

[8] 邱洪冰. 风味酱鸭的加工工艺 [J]. 肉类研究，2006，08：20-22.

[9] 宋进超. 无骨鸡柳的加工配方及工艺 [J]. 肉类工业，2006，（01）：17.

[10] 梅冬生. 速冻肉丸加工工艺的研究 [J]. 肉类工业，2021，（04）：15-19.

[11] 卢一，肖岚，何江红，等. 黑胡椒牛排品质与嫩化效果的研究 [J]. 食品科技，2011，36（05）：140-143.

[12] 何晋浙，陈伟. 食品分析综合实验指导 [M]. 北京：科学出版社，2014.

[13] 任大喜，陈友亮. 畜产品加工实验指导 [M]. 浙江：浙江大学出版社，2017.

[14] 孔保华，陈倩. 肉品科学与技术 [M]. 北京：中国轻工业出版社，2018.

[15] 周光宏. 畜产品加工学 [M]. 北京：中国农业出版社，2011.

[16] Jiang S, Zhao S C, Jia X W, et al. Thermal gelling properties and structural properties of myofibrillar protein including thermo-reversible and thermo-irreversible curdlan gels. Food Chemistry, 2020, 311: 126018.

[17] Mi J, Zhao X Z, Huang P, et al. Effect of hydroxypropyl distarch phosphate on the physicochemical characteristics and structure of shrimp myofibrillar protein. Food Hydrocolloids, 2022, 125: 1-7.

[18] Huang J J, Zeng S W, Xiong S B, et al. Steady, dynamic, and creep-recovery rheological properties of myofifibrillar protein fromgrass carp muscle. Food Hydrocolloids, 2016, 61: 48-56.